U0243657

技工院校一体化课程教学改革规划教材
编审委员会

技工院校一体化课程教学改革规划教材

水质理化指标
检测 工作页

SHUIZHI
LIHUA ZHIBIAO
JIANCE
GONGZUOYE

石全波 ◎主编 孙宝云 ◎副主编
童华强 ◎主审

化学工业出版社
·北京·

本书主要包含"工业废水中酸度或碱度测定"、"实验室用水电导率测定"、"生活饮用水硬度测定"、"工业循环冷却水中氯离子测定"、"工业废水高锰酸盐指数测定"五个环境保护与检测专业中级工学习任务，通过五个学习任务来整合环境保护与检验专业学生处理和解决问题中涉及的技能点和知识点。本书适合相关专业教师、学生及技术人员参考阅读。

图书在版编目(CIP)数据

水质理化指标检测工作页/石全波主编 . —北京：化学
工业出版社，2016.1（2023.8重印）
技工院校一体化课程教学改革规划教材
ISBN 978-7-122-21603-8

Ⅰ.①水… Ⅱ.①石… Ⅲ.①水质分析-化学分析
Ⅳ.①O661.1

中国版本图书馆 CIP 数据核字（2014）第 176296 号

责任编辑：曾照华 　　　　　　　　　装帧设计：韩　飞
责任校对：王素芹

出版发行：化学工业出版社（北京市东城区青年湖南街 13 号　邮政编码 100011）
印　　装：北京科印技术咨询服务有限公司数码印刷分部
787mm×1092mm　1/16　印张 10¼　字数 246 千字　2023 年 8 月北京第 1 版第 2 次印刷

购书咨询：010-64518888 　　　　　　　售后服务：010-64518899
网　　址：http://www.cip.com.cn
凡购买本书，如有缺损质量问题，本社销售中心负责调换。

定　　价：32.00 元

序

　　所谓一体化教学的指导思想是指以国家职业标准为依据，以综合职业能力培养为目标，以典型工作任务为载体，以学生为中心，根据典型工作任务和工作过程设计课程体系和内容，培养学生的综合职业能力。在"三三则"原则的基础上，在课程开发实践中，我院逐步提炼出课程开发"六步法"：即一体化课程的开发工作可按照职业和工作分析、确定典型工作任务、学习领域描述、项目实践、课业设计（教学项目设计）、课程实施与评价六个步骤开展。借助"鱼骨图"分析技术，按照工作过程对学习任务的每个环节应学习的知识和技能进行枚举、排列、归纳和总结，获取每个学习任务的操作技能和学习知识结构；同时，利用对一门课的不同学习任务鱼骨图信息的比较、归类、分析与综合，搭建出整个课程的知识、技能的系统化网络。

　　一体化课程的工作页，是帮助学生实现有效学习的重要工具，其核心任务是帮助学生学会如何工作。学习任务是指典型工作任务中，具备学习价值的代表性工作任务。学习目标是指完成本学习任务后能够达到的行为程度，包括所希望行为的条件、行为的结果和行为实现的技术标准，引导学习者思考问题的设计。为了提高学习者完成学习任务的主动性，应向学习者提出需要系统化思考的学习问题，即"引导问题"，并将"引导问题"作为学习工作的主线贯穿于完成学习任务的全部过程，让学生有目标地在学习资源中查找到所需的专业知识、思考并解决专业问题。

　　本书以环境保护与检测专业水质分析中典型工作任务为基础，以"接受任务、制定方案、实施检测、验收交付、总结拓展"五个工作环节为主线，详细编制了分析检验操作过程中的作业项目、操作要领和技术要求等内容。本书的最大特点是突出了"完整的操作技能体系和与之相适应的知识结构"的职业教育理念，精心设计了"总结与拓展"环节，并制定了教学环节中的"过程性评价"。本书章节编排合理，内容系统、连贯、完整，图文并茂，实操性强，具有较强的实用性。在本书的编写过程中，我们得到了北京市环境保护监测中心、北京市城市排水监测总站有限公司、北京市理化分析测试中心等单位的多名技术专家老师的指导，在此表示衷心的感谢。

编者

2015 年 6 月

前 言

水质理化指标检测工作页

SHUIZHI LIHUA
ZHIBIAO JIANCE
GONGZUOYE

本书针对全国开设环境保护与检验专业水质分析检测的技工院校和中职学校。

本书是针对环境保护与检验专业中水质分析检测方面一体化技师班学习"水质理化指标"专业知识编写的一体化课程教学工作页。书中主要包含"工业废水中酸度或碱度测定"、"实验室用水电导率检测"、"生活饮用水硬度测定"、"工业循环冷却水中氯离子测定"和"工业废水高锰酸盐指数测定"五个环境保护与检测专业中级工学习任务，通过五个学习任务来整合环境保护与检验专业学生处理和解决问题中涉及的技能点和知识点。适合相关专业教师、学生及技术人员参考阅读。

本书主要使用引导性问题来引领学生完成学习任务。书中大量使用仪器图片及结构原理图片，使学生在学习上直观易懂，在问题设置上前后衔接紧密，不论是教师教学还是学生学习都能按照企业实际工作流程一步一步完成任务，真正做到一体化教学。

由于编者水平有限，书中难免有不妥之处，敬请广大读者指正。

编者
2015 年 6 月

目 录

学习任务一

工业废水中酸度或碱度测定

任务书

水质污染会引起水质理化指标的改变，当水被有机物污染后，会导致水质浊度的明显变化；当水被无机金属盐污染后，会导致水质电导率、酸（碱）度变化，因此通过水质理化指标检测，可以初步掌握水质污染情况。

北京市朝阳区西直河周边，由于附近工厂废水的排放，经常泛起难闻的气味。北京市城市排水检测有限责任公司与北京市工业技师学院环保系环境保护与检测专业中级工学生合作，要求对从西直河中段采到的水样中的酸度或碱度进行检测，并出具酸度或碱度的检测报告。学习活动及课时分配表见表 1-1。

表 1-1　学习活动及课时分配表

活 动 序 号	学 习 活 动	学 时 安 排	备　注
1	接受任务	4 学时	
2	制定方案	8 学时	
3	检测样品	28 学时	
4	验收交付	6 学时	
5	总结拓展	6 学时	
合计		52 学时	

学习活动一 接受任务

建议学时：4学时

学习要求：通过本活动明确本项目的任务和要求，学习《水质理化指标检测》中"总酸度（总碱度）"测定的项目明细（表1-2）。

表1-2 工作步骤、要求及学时安排

序号	工 作 步 骤	要 求	建议学时	备注
1	识读任务单	（1）5min内读完任务单 （2）5min内找出关键词，清楚工作任务 （3）5min内说清楚参照标准 （4）5min说清楚完成此工作的要求	0.5学时	
2	确定检测方法和仪器	（1）15min内明确污水中总酸（总碱）度指标的测定意义和表示方法 （2）15min内清楚总酸（总碱）度测定的方法有几种 （3）15min内清楚几种测定方法的适用对象（或范围）	1学时	
3	编制任务分析报告	完成任务分析报告中的项目名称及意义、样品性状、指标及其含义、检测依据、完成时间等项目的填写，并进行交流	2学时	
4	环节评价		0.5学时	

一、识读任务单

表 1-3　QRD-1101 样品检测委托单

委托单位基本情况					
单位名称	北京市城市排水监测总站责任有限公司				
单位地址	北京市朝阳区来广营甲 3 号				
联系人	孙宝云	固定电话	549134＊＊	手机	13801321＊＊
样品情况					
委托样品	□水样√　　　　　□泥样　　　　　　□气体样品				
参照标准	HZ—HJ—SZ 0128				
样品数量	12 个	采样容器	塑料桶装瓶	样品量	各 2 升
样品状态	□浊　　　□较浊　　　□较清洁√　　　□清洁 □黑色　　□灰色　　　□其他颜色				
检 测 项 目					

常规检测项目

□液温	□pH	□悬浮物	□化学需氧量	□总磷	□氨氮
□动植物油	□矿物油	□色度	□生物需氧量	□溶解性固体	□氯化物
□浊度	□总氮	□溶解氧	□总铬	□六价铬	□余氯
□总大肠杆菌	□粪大肠杆菌	□细菌总数	□表面活性剂		

金属离子检测项目

□总铜	□总锌	□总铅	□总镉	□总铁	□总汞
□总砷	□总锰	□总镍			

其他检测项目

□钙	□镁	□总钠	□钾	□硒	□锑
□硼	□酸度√	□碱度√	□硬度	□甲醛	□苯胺
□硫酸盐	□挥发酚	□氰化物	□总固体	□氟化物	□硝基苯
□硫化物	□硝酸盐氮	□亚硝酸盐氮	□高锰酸盐指数		
□污泥含水率	□灰分	□挥发分	□污泥浓度		

备　注			
样品存放条件	√室温\避光\冷藏(4℃)	样品处置	□退回　□处置(自由处置)
样品存放时间	可在室温下保存 7 天		
出报告时间	□正常(十五天之内)　□加急(七天之内)√		

1. 从阅读任务单，填写下列信息。

(1) 委托检测单位是＿＿＿＿＿＿＿＿＿＿＿＿＿＿＿＿＿＿＿＿＿＿＿＿＿＿＿

(2) 委托人是＿＿＿＿＿＿＿＿＿＿＿＿＿＿＿＿＿＿＿＿＿＿＿＿＿＿＿＿＿＿

(3) 委托样品是＿＿＿＿＿＿＿；数量是＿＿＿＿＿；包装为＿＿＿＿＿；单个样品量＿＿＿＿＿

(4) 还有哪些总结的信息＿＿＿＿＿＿＿＿＿＿＿＿＿＿＿＿＿＿＿＿＿＿＿＿＿

2. 请你寻找核心词用一句话说明工作任务。

3. 查阅资料，确定本检测参照标准是（　　）。

　A. HZ—HJ—SZ 0128　　　　　　　　　B. HZ—HJ—SZ 0129

　C. DZ/T 0064.43—2008　　　　　　　　D. GB 9736—2008

二、确定检测方法和仪器

1. 查阅水质检测标准或《水与废水监测分析方法 第四版》，解读任务内涵，回答表 1-4 中问题。

表 1-4 检测任务及方法

检测任务	样品性状	滴定终点确定方法	滴定剂	主要仪器
水质检测中测定水酸度	无色透明			
	有色或浑浊			
水质检测中测定水碱度	无色透明			
	有色或浑浊			

2. 阅读标准，明确滴定终点后，回答表 1-5 中问题。

表 1-5 指示剂检测酸碱度

检测任务	甲基橙指示剂			酚酞指示剂		
	滴定前颜色	滴定终点颜色	被测物	滴定前颜色	滴定终点颜色	被测物
水质酸度检测						
水质碱度检测						

3. 污水中总酸（总碱）度指标的测定意义和表示方法。

(1) 测定的意义＿＿＿＿＿＿＿＿＿＿＿＿＿＿＿＿＿＿＿＿＿＿＿＿＿＿

(2) 计算公式：甲基橙酸度（$CaCO_3$）/(mg/L) ＿＿＿＿＿＿＿＿＿＿＿＿＿＿

酚酞酸度（总酸度 $CaCO_3$）/(mg/L) ＿＿＿＿＿＿＿＿＿＿＿＿＿＿

公式中各项的意义＿＿＿＿＿＿＿＿＿＿＿＿＿＿＿＿＿＿＿＿＿＿

＿＿＿＿＿＿＿＿＿＿＿＿＿＿＿＿＿＿＿＿＿＿＿＿＿＿＿＿＿＿＿

4. 下图描述了检测酸度的几种方法，查阅资料，完成表 1-6 填写。

表 1-6 检测酸度方法

图	适用对象	应用范围

图	适用对象	应用范围

三、编制任务分析报告（表1-7）

表1-7 任务分析报告

任务分析报告

一、基本信息

序号	项　　目	名　　称	备注
1	委托任务的单位		
2	项目联系人		
3	委托样品		
4	检验参照标准		
5	委托样品信息		
6	检测项目		
7	样品存放条件		
8	样品处置		
9	样品存放时间		
10	出具报告时间		
11	出具报告地点		

二、方法选择

序号	可选用方法	主要仪器

选定的方法为＿＿＿＿＿＿＿＿＿＿＿＿＿＿＿＿＿＿，原因如下：

四、环节评价（表1-8）

表1-8 环节评价

评分项目			配分	评分细则		自评得分	小组评价	教师评价
素养（36分）	纪律情况（15分）	不迟到,不早退	5分	违反一次不得分				
		积极思考回答问题	5分	不积极思考回答问题 扣1~5分				
		学习用品准备齐全	5分	违反规定每项 扣2分				
		执行教师命令	0分	不听从教师管理酌情 扣10~100分 违反校规校纪处理 扣100分				
	职业道德（6分）	能与他人合作	2分	不能按要求与他人合作 扣2分				
		追求完美	4分	工作不认真 扣2分 工作效率差 扣2分				
	5S（10分）	场地、设备整洁干净	5分	仪器设备摆放不规范 扣3分 实验台面乱 扣2分				
		操作工作中试剂摆放	5分	共用试剂未放回原处 扣3分 实验室环境乱 扣2分				
	综合能力（5分）	阅读理解能力	5分	未能在规定时间内描述任务名称及要求 扣5分 超时或表达不完整 扣3分				
核心技术（44分）	阅读任务（20分）	快速、准确信息提取	6分	不能提取信息酌情 扣1~3分 小组讨论不发言 扣1分 理解不准确 扣3分				
		时间要求	4分	15分钟内完成 得2分 每超过3分钟 扣1分				
		质量要求	10分	作业项目完整正确 得5分 错项漏项一项 扣1分				
	填写任务分析报告情况（24分）	资料使用	8分	未使用参考资料 扣5分				
		项目完整	8分	缺一项 扣1分				
		用专业词填写	8分	整体用生活语填写 扣2分 错一项 扣0.5分				
工作页完成情况（20分）	按时完成工作页（20分）	按时提交	5分	未按时提交 扣5分				
		内容完成程度	5分	缺项酌情 扣1~5分				
		回答准确率	5分	视情况酌情 扣1~5分				
		字迹书面整洁	5分	视情况酌情 扣1~5分				
得 分								
综合得分（自评20%,小组评价30%,教师评价50%）								
总 分								

本人签字：   组长签字：   教师评价签字：

请你根据以上打分情况,对本活动当中的工作和学习状态进行总体评述（从素养的自我提升方面、职业能力的提升方面进行评述,分析自己的不足之处,描述对不足之处的改进措施）。

教师指导意见：

学习活动二 制定方案

建议学时：8学时

学习要求：通过水质酸度或碱度检测流程图的绘制以及试剂、仪器清单的编写，完成工业废水水质酸度或碱度检测方案的编制。 具体要求及学时安排见表1-9。

表1-9 工作步骤、要求及学时安排

序号	工作步骤	要　　求	建议学时	备　　注
1	填写检测流程表	在45min内完成，流程表符合项目要求	2学时	
2	编制试剂使用清单	清单完整，符合检测需求	2学时	
3	编制仪器使用清单	清单完整，符合检测需求	0.5学时	
4	编制溶液制备清单	清单完整，符合检测需求	1学时	
5	编制检测方案	在90min内完成编写，任务描述清晰，检验标准符合厂家要求，试剂、材料与流程表及检测标准对应	2学时	
6	环节评价		0.5学时	

解读标准

1. 本项目所采用标准的方法原理是什么？

2. 根据化学试剂的纯度，按杂质含量的多少，国内将化学试剂分为几级？分别称作什么级别？用什么符号表示？试剂标签是什么颜色？（表1-10）。

表 1-10 试剂级别、符号、标签颜色

序号	门类	级别	符号	标签颜色	备注
1					
2	通用试剂				
3					
4	基准试剂				
5	生化试剂				

3. 本标准的适用范围是什么？

一、填写检测流程表

阅读标准，填写水质酸度检测工作流程表（表1-11），要求操作项目具体可执行。

表 1-11 水质酸度检测工作流程表

序号	操作项目
1	
2	
3	
4	
5	
6	
7	
8	
9	
10	
11	

二、编制试剂使用清单 （表1-12）

表 1-12 试剂使用清单

序号	试剂名称	分子式	试剂规格	用　　途
1				
2				
3				

续表

序号	试剂名称	分子式	试剂规格	用　　途
4				
5				
6				
7				

三、编制仪器使用清单（表1-13）

表1-13　仪器使用清单

序号	仪器名称	规　　格	数　　量	用　　途
1				
2				
3				
4				
5				
6				
7				
8				
9				
10				
11				

四、编制溶液制备清单（表1-14）

表1-14　溶液制备清单

序号	制备溶液名称	制备方法	制备量
1			
2			
3			
4			
5			

五、编制检测方案（表1-15）

表1-15 工业废水酸度或碱度检测方案

方案名称：_____

一、任务目标及依据

（填写说明：概括说明本次任务要达到的目标及相关文件和技术资料）

二、工作内容安排

（填写说明：列出工作流程、工作要求、使用的仪器、试剂、人员及时间安排等）

序号	工作流程	仪器	试剂	人员安排	时间安排	工作要求

三、验收标准

（填写说明：本项目最终的验收相关项目的标准）

四、有关安全注意事项及防护措施等

（填写说明：对检测的安全注意事项及防护措施，废弃物处理等进行具体说明）

六、环节评价（表 1-16）

表 1-16　环节评价

评分项目			配分	评分细则	自评得分	小组评价	教师评价
素养 (40 分)	纪律 情况 (15 分)	不迟到,不早退	5 分	违反一次不得分			
		积极思考回答问题	5 分	根据上课统计情况　　得 1~5 分			
		三有一无(有本、笔、书,无手机)	5 分	违反规定每项　　　扣 2 分			
		执行教师命令	0 分	此为否定项,违规酌情　扣 10~100 分, 违反校规按校规处理			
	职业 道德 (5 分)	与他人合作	2 分	不符合要求不得分			
		追求完美	3 分	对工作精益求精且效果明显得 3 分, 对工作认真得 2 分,其余不得分			
	5S (7 分)	场地、设备整洁干净	4 分	合格得 4 分,不合格不得分			
		服装整洁,不佩戴饰物	3 分	合格得 3 分,违反一项扣 1 分			
	职业 能力 (13 分)	策划能力	5 分	按方案策划逻辑性得 1~5 分			
		资料使用	3 分	正确标准等资料得 3 分,错误不得分			
		创新能力	5 分	项目分类、顺序有创新,视情况得 1~5 分			
检测 方案 (40 分)	时间 (3 分)	时间要求	3 分	按时完成得 3 分,超时 10 分钟扣 1 分			
	目标依 据(5 分)	目标清晰	3 分	目标明确,可测得得 1~3 分			
		编写依据	2 分	依据资料完整得 2 分,缺一项扣 1 分			
	检测流 程(15 分)	项目完整	7 分	完整得 7 分,漏一项扣 1 分			
		顺序	8 分	全部正确得 8 分,错一项扣 1 分			
	试剂设 备清单 (12 分)	试剂清单	5 分	完整、型号正确得 5 分,错项漏项一 项扣 1 分			
		仪器清单	3 分	数量型号正确得 3 分,错项漏项一项 扣 1 分			
		溶液制备清单	4 分	完整、准确得 4 分,错一项扣 1 分			
	检测方 案(5 分)	方案内容	5 分	内容完整准确得 5 分,错、漏一项扣 1 分			
工作页 完成 情况 (20 分)	按时完 成工 作页 (20 分)	按时提交	5 分	按时提交得 5 分,迟交不得分			
		完成程度	5 分	按情况分别得 1~5 分			
		回答准确率	5 分	视情况分别得 1~5 分			
		书面整洁	5 分	视情况分别得 1~5 分			
总分							
综合得分(自评 20%,小组评价 30%,教师评价 50%)							
教师评价签字:				组长签字:			

请你根据以上打分情况,对本活动当中的工作和学习状态进行总体评述(从素养的自我提升方面、职业能力的提升方面进行评述,分析自己的不足之处,描述对不足之处的改进措施)。

教师指导意见:

学习活动三　检测样品

建议学时：28 学时

学习要求：通过水质酸度或碱度检测前的准备，能正确配制试剂溶液，符合浓度要求；规范使用玻璃仪器；进行方法验证，达到实验要求，进行样品检测，记录原始数据。具体要求及学时安排见表 1-17。

表 1-17　工作步骤、要求及学时安排

序号	工作步骤	要　　求	建议学时	备注
1	配制溶液	学会试剂溶液配制方法；掌握浓度计算及表示；明确 5S 管理	2 学时	
2	准备仪器	掌握玻璃仪器使用要求；规范操作玻璃仪器	1 学时	
3	方法验证	检测流程清晰；正确判断滴定终点；满足方法验证要求	8 学时	
4	样品处理	样品保存符合要求；处理方法判断正确	0.5 学时	
5	检测样品	在 70min 内提出出现的问题及处理方法，并列出合适的实验条件	16 学时	
6	环节评价		0.5 学时	

一、安全注意事项

请回忆一下，我们之前在实训室工作时，有哪些安全事项是需要我们特别注意的？现在我们要进入一个新的实训场地，请阅读《实验室安全管理办法》，总结该任务需要注意的安全注意事项。

二、配制溶液

1. 气体二氧化碳（CO_2）溶于水吗？对水溶液酸碱性有什么影响？

2. 实验室用水应该用什么样的水？本项目检测对实验分析用水有什么要求？

3. 参照图 1-1，说出配制氢氧化钠溶液操作要点（表 1-18）。
实验流程图如下：

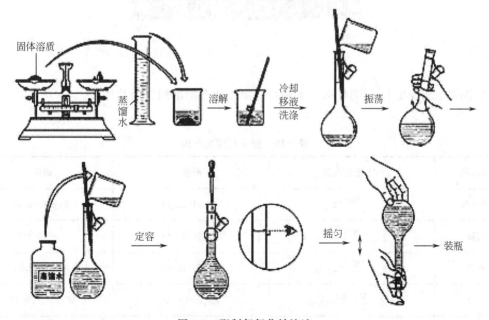

图 1-1　配制氢氧化钠溶液

表 1-18　操作要点

序号	操　作	要　　点	备　注
1	称量		
2	溶解		
3	转移		
4	定容		
5	摇匀		
6	装瓶		

4. 用 0.1mol/L 氢氧化钠溶液配制成 0.0200mol/L 氢氧化钠溶液 500mL，应取多少毫升 0.1mol/L 氢氧化钠溶液？

5. 下图同学的操作是否正确？写出正确操作方法。

6. 图 1-2 和表 1-19 说明什么？本项目检测用什么指示剂？为什么？

表 1-19　指示剂变色范围

指示剂	pH 变色范围	酸色	碱色
甲基橙	3.1 $\xrightarrow{\text{（橙色）}}$ 4.4	红(pH<3.1)	黄(pH>4.4)
甲基红	4.4 $\xrightarrow{\text{（橙色）}}$ 6.2	红(pH<4.4)	黄(pH>6.2)
石蕊	5.0 $\xrightarrow{\text{（紫色）}}$ 8.0	红(pH<5.0)	蓝(pH>8.0)
酚酞	8.2 $\xrightarrow{\text{（粉红色）}}$ 10.0	无(pH<8.2)	红(pH>10.0)

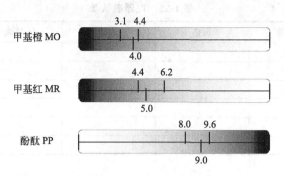

图 1-2　指示剂变色范围

7. 填写试剂溶液确认单

按照检测方案，配制溶液，并填写试剂溶液确认单。

（1）酸度检测试剂溶液清单（表 1-20）

表 1-20　酸度检测试剂溶液清单

序号	试剂名称	浓度	试剂量	配制时间	配制人员	试剂确认

（2）碱度检测试剂溶液清单（表 1-21）

表 1-21　碱度检测试剂溶液清单

序号	试剂名称	浓度	试剂量	配制时间	配制人员	试剂确认

三、准备仪器

按照检测方案，确认仪器状况，并填写仪器确认单（表 1-22）。

表 1-22　仪器确认单

序号	仪器名称	规格	数量	仪器确认	备注

四、方法验证

（一）进行酸性质控样检测，检测记录见表 1-23。

表 1-23　酸性质控样检测记录　　　　　　　　　温度____℃

测定\内容	甲基橙指示剂			酚酞指示剂		
	1	2	3	1	2	3
水样体积/mL						
消耗滴定溶液　消耗滴定剂体积/mL						
校正后消耗体积/mL						
滴定剂溶液的浓度/(mol/L)						
被测液酸度(CaCO₃)/(mg/L)						
水样平均酸度(CaCO₃)/(mg/L)						
测定结果的极差						
相对极差						
质控样酸度值						
测定误差/(mg/L)						
相对误差						

要求：酚酞酸度要求检测数值相对误差≤0.5%；甲基橙酸度要求检测数据相对误差≤1%。

（二）进行碱性质控样检测，检测记录见表 1-24。

表 1-24　碱性质控样检测记录　　　　　　　　　温度____℃

测定\内容	数据记录		
	1	2	3
水样体积/mL			
以酚酞为指示剂消耗滴定剂体积/mL			
以甲基橙为指示剂消耗滴定剂体积/mL			
滴定剂溶液的浓度/(mol/L)			
被测液碱度(CaCO₃)/(mg/L)			
水样平均碱度(CaCO₃)/(mg/L)			
测定结果的极差			
相对极差			
质控样碱度值			
测定误差/(mg/L)			
相对误差			

要求：碱度值检测相对误差≤0.5%。

五、样品处理

1. 如何进行水样酸碱性的判断？

_____

_____

_____

_____

2. 若水样为酸性，应采用_____标准，采用的滴定剂是_____，采用的指示剂是_____，颜色由_____变为_____，颜色_____，不褪为滴定终点。

3. 若水样为碱性，应采用_____标准，采用的滴定剂是_____，采用的指示剂是_____，颜色由_____变为_____，颜色_____，不褪为滴定终点。

4. 常见的对酸度产生影响的溶解性气体有_____。在取样、保存和滴定过程中，都有可能造成酸度增加或降低。因此，在打开试样容器后，要_____，防止干扰气体溶入试样。

5. 为了防止 CO_2 等溶解气体损失，在采样后，要避免_____，并要____，否则要_____。

6. 如果滴定过程中发现生成沉淀，并导致终点指示剂褪色，可能是溶液中含有_____，遇此情况，应_____。

7. 水样中的游离氯会使_____，遇此情况，可_____。

8. 如果样品是有颜色或者浑浊的，可_____进行滴定。如果仍不能进行测定，则选用_____法。

六、检测样品

1. 若水样为酸性

(1) 取适量水样置于 250mL 锥形瓶中，用无二氧化碳水稀释至 100mL，瓶下放一白瓷板，向锥形瓶中加入 2 滴甲基橙指示剂，用上述氢氧化钠标准溶液滴定至溶液由橙红色变为橘黄色为终点，记录氢氧化钠标准溶液用量 (V_1)。

(2) 另取一份水样于 250mL 锥形瓶中，用无二氧化碳水稀释至 100mL，加入 4 滴酚酞指示剂，用氢氧化钠标准溶液滴定至溶液刚变为浅红色为终点，记录用量 (V_2)。

(3) 如水样中含有硫酸铁、硫酸铝，加酚酞后，加热煮沸 2min，趁热滴定至红色。

2. 若水样为碱性

(1) 分取 100mL 水样于 250mL 锥形瓶中，加入 4 滴酚酞指示液，摇匀。当溶液呈红色时，用盐酸标准溶液滴定至刚刚褪至无色，记录盐酸标准溶液用量。若加酚酞指示剂后无色，则不许用盐酸标准溶液滴定，并接着进行下列操作。

(2) 向上述锥形瓶中加入 3 滴甲基橙指示液，摇匀。继续用盐酸标准溶液滴定至溶液由橘黄色刚刚变为橘红色为止。记录盐酸标准溶液用量。

七、填写原始数据记录表

1. 酸度检测记录表（表 1-25）

表 1-25 酸度检测记录表

内容 ＼ 项目	甲基橙指示剂				酚酞指示剂			
	1	2	3	质控样	1	2	3	质控样
水样体积/mL								
消耗滴定剂体积/mL								
滴定剂溶液的浓度/(mol/L)								

2. 碱度检测记录表（表 1-26）

表 1-26 碱度检测记录表

内容 ＼ 测定	数据记录			
	1	2	3	质控样
水样体积/mL				
以酚酞为指示剂消耗滴定剂体积/mL				
以甲基橙为指示剂消耗滴定剂体积/mL				
滴定剂溶液的浓度/(mol/L)				

八、教师考核表（表 1-27）

表 1-27 教师考核表

工业废水酸碱度检测工作流程评价表						
第一阶段　配制溶液　（20 分）						
序号	考核内容	考核标准	正确	错误	分值	得分
1	称量操作	检查电子天平水平			10 分	
2		会校正电子天平				
3		带好称量手套				
4		称量纸放入电子天平操作正确				
5		会去皮操作				
6		称量操作规范				
7		多余试样不放回试样瓶中				
8		称量操作有条理性				
9		称量过程中及时记录实验数据				
10		称完后及时将样品放回原处				
11		将多余试样统一放好				
12		及时填写称量记录本				
13	溶液配制	溶解操作规范			10 分	
14		吸取上清液				
15		装瓶规范，标签规范				
16		移液管使用规范				
17		容量瓶选择、使用规范				
18		酸溶液转移规范				
第二阶段　准备仪器（5 分）						
19	准备仪器	仪器规格选择正确			5 分	
20		仪器洗涤符合规范				
21		仪器摆放符合实验室要求				

续表

工业废水酸碱度检测工作流程评价表						
第三阶段　样品处理(5分)						
22	样品处理	样品保存符合要求			5分	
23		样品干扰消除方法正确				
第四阶段　方法验证　实施检测(30分)						
24	滴定操作	指示剂选择正确、操作规范			30分	
25		滴定管位置放置合理				
26		滴定姿势规范				
27		滴定速度合理				
28		摇瓶速度合理				
29		半滴操作规范				
30		终点观测正确				
31		体积读数规范				
32		滴定管自然垂直				
33		补加溶液规范				
34		管尖残液处理规范				
35		检测现场符合"5S"要求				
第五阶段　实验数据记录(20分)						
36	数据记录	数据记录真实准确完整			20分	
37		数据修正符合要求				
38		数据记录表整洁				
工业废水中酸碱度检测					80分	

	综合评价项目	详细说明	分值	得分
1	基本操作规范性	动作规范准确得3分 动作比较规范,有个别失误得2分 动作较生硬,有较多失误得1分	3分	
2	熟练程度	操作非常熟练得5分 操作较熟练得3分 操作生疏得1分	5分	
3	分析检测用时	按要求时间内完成得3分 未按要求时间内完成得2分	3分	
4	实验室5S	试验台符合5S得2分 试验台不符合5S得1分	2分	
5	礼貌	对待考官礼貌得2分 欠缺礼貌得1分	2分	
6	工作过程安全性	非常注意安全得5分 有事故隐患得1分 发生事故得0分	5分	
综合评价项目分值小计			20分	
总成绩分值合计			100分	

九、环节评价（表1-28）

表1-28　环节评价

评分项目			配分	评分细则	自评得分	小组评价	教师评价
素养 (40分)	纪律情况 (15分)	不迟到,不早退	5分	违反一次不得分			
		积极思考回答问题	5分	根据上课统计情况得1~5分			
		三有一无(有本、笔、书,无手机)	5分	违反规定每项扣2分			
		执行教师命令	0分	此为否定项,违规酌情扣10~100分,违反校规按校规处理			
	职业道德 (5分)	与他人合作	2分	不符合要求不得分			
		追求完美	3分	对工作精益求精且效果明显得3分,对工作认真得2分,其余不得分			
	5S (7分)	场地、设备整洁干净	4分	合格得4分;不合格不得分			
		服装整洁,不佩戴饰物	3分	合格得3分;违反一项扣1分			
	职业能力 (13分)	策划能力	5分	按方案策划逻辑性得1~5分			
		资料使用	3分	正确标准等资料得3分,错误不得分			
		创新能力	5分	项目分类、顺序有创新,视情况得1~5分			
核心能力 (40分)		操作技能	教师考核得分×0.4	考核明细			
工作页完成情况 (20分)	按时完成工作页 (20分)	按时提交	5分	按时提交得5分,迟交不得分			
		完成程度	5分	按情况分别得1~5分			
		回答准确	5分	视情况分别得1~5分			
		书面整洁	5分	视情况分别得1~5分			
总分							
综合得分(自评20%,小组评价30%,教师评价50%)							

教师评价签字：　　　　　　　　　　　　　　　　　　组长签字：

　　请你根据以上打分情况,对本活动当中的工作和学习状态进行总体评述(从素养的自我提升方面、职业能力的提升方面进行评述,分析自己的不足之处,描述对不足之处的改进措施)。

教师指导意见：

学习活动四　验收交付

建议学时：6学时

学习要求：查阅国标及相关资料，明确酸碱度测定数据要求，严格按照标准要求对数据进行评价（表1-29）。

表 1-29　工作步骤、要求及学时安排

序号	工作步骤	要　求	建议学时	备注
1	编制质量分析报告	分析数据判断测定结果的准确性 依据质控结果，判断测定结果可靠性 分析测定中存在问题和操作要点	3学时	
2	编制检测报告	依据规范出具检测报告	3学时	

一、编制质量分析报告

若水样为酸性，请按照下面计算公式，对酸度进行计算。

1. 数据分析

（1）酸度检测分析（表1-30）

表1-30　酸度检测分析　　　　　　　　　　温度_____℃

酸度计算公式	甲基橙酸度$(CaCO_3,mg/L)=\dfrac{c(NaOH)\times V_1\times 50.05\times 1000}{V}$ 酚酞酸度$($总酸度 $CaCO_3,mg/L)=\dfrac{c(NaOH)\times V_2\times 50.05\times 1000}{V}$	
水样平均酸度$(CaCO_3)/(mg/L)$		
测定结果的极差		
测定结果相对极差		
极差和相对极差计算公式	极差＝ 相对极差＝	

式中　c——氢氧化钠标准滴定溶液浓度，mol/L；

　　V_1——水样以甲基橙为指示剂时，消耗碱标准滴定溶液浓度的体积，mL；

　　V_2——水样以酚酞为指示剂时，消耗碱标准滴定溶液浓度的体积，mL；

　　50.05——碳酸钙以基本单元计（1/2$CaCO_3$）时的摩尔质量，g/mol。

（2）碱度检测分析（表1-31）

表1-31　碱度检测分析

碱度计算公式		总碱度（以 CaO 计，mg/L）$=\dfrac{c(HCl)\times(P\times M)\times 28.04\times 1000}{V}$ 总碱度（以 $CaCO_3$ 计，mg/L）$=\dfrac{c(HCl)\times(P\times M)\times 50.05\times 1000}{V}$
水样平均碱度$(CaCO_3)/(mg/L)$		
测定结果的极差		
测定结果相对极差		
极差和相对极差计算公式		

式中　c——盐酸标准滴定溶液浓度，mol/L；

　　28.04——氧化钙（1/2CaO），g/mol；

　　50.05——碳酸钙（1/2$CaCO_3$），g/mol。

2. 结果判断

(1) 酸度检测数据判断（表1-32）

表 1-32 酸度检测数据判断

一、查阅标准,根据标准要求判断测定结果的准确性
1. 标准中规定:当测定结果自平行≤0.5%,满足准确性要求 　　　　　　　当测定结果自平行>0.5%,不满足准确性要求 2. 实验过程中测定出的相对极差为:样品1 _____　样品2 _____　样品3 _____ 3. 判断:测定结果分析　符合准确性要求:是□ 否□ 思考1:若不能满足自平行要求时,请对其原因进行分析。 (提示:个人不能判断时,可进行小组讨论)   思考2:相对极差满足自平行要求后,但与质控样比较,相对误差不满足,是否能够出具报告了? (提示:个人不能判断时,可进行小组讨论)   4. 结论: 由于样品1测定结果分析_____(符合或不符合)自平行要求,说明_____; 由于样品2测定结果分析_____(符合或不符合)自平行要求,说明_____; 由于样品3测定结果分析_____(符合或不符合)自平行要求,说明_____。

续表

二、依据质控结果,判断测定结果可靠性

1. 测定结果可靠性对比表

内　容	甲基橙酸度测定值	酚酞酸度(总酸度)测定值
质控样测定值		
质控样真实值		
质控样测定结果的绝对极差		

2. 判断:质控样品测定结果分析　符合可靠性要求:是□ 否□

3. 结论:

由于质控样品测定结果_____(符合或不符合)可靠性要求,说明_____。

三、分析测定中存在的问题和操作要点

(2) 碱度检测数据判断(表1-33)

表1-33　碱度检测数据判断

一、查阅标准,根据标准要求判断测定结果的准确性

1. 标准中规定:当测定结果≤0.5%,满足准确性要求

当测定结果>0.5%,不满足准确性要求

2. 实验过程中测定出的相对极差为:样品1 _____　样品2 _____　样品3 _____

3. 判断:测定结果分析　符合准确性要求:是□ 否□

思考1:若不能满足准确性要求时,请对其原因进行分析。

(提示:个人不能判断时,可进行小组讨论)

思考2:相对极差满足准确性要求后,但与质控样比较,相对误差不满足,是否能够出具报告了?

(提示:个人不能判断时,可进行小组讨论)

续表

4. 结论：

由于样品 1 测定结果分析_____(符合或不符合)准确性要求,说明_____;

由于样品 2 测定结果分析_____(符合或不符合)准确性要求,说明_____;

由于样品 3 测定结果分析_____(符合或不符合)准确性要求,说明_____。

二、依据质控结果,判断测定结果可靠性

1. 测定结果可靠性对比表

内　容	甲基橙酸度测定值	酚酞酸度(总酸度)测定值
质控样测定值		
质控样真实值		
质控样测定结果的绝对极差		

2. 判断:质控样品测定结果分析符合可靠性要求:是□ 否□

3. 结论:

由于质控样品测定结果_____(符合或不符合)可靠性要求,说明_____。

三、分析测定中存在问题和操作要点

3. 编写质量分析报告（表 1-34）

表 1-34　质量分析报告

酸度检测质量分析报告				
序号	分析项目	数值	是否符合出具报告要求	
			是	否
1	自平性相对极差			
2	质控相对误差			
3	综合判断,数据是否可用			
碱度检测质量分析报告				
序号	分析项目	数值	是否符合出具报告要求	
			是	否
1	自平性相对极差			
2	质控相对误差			
3	综合判断,数据是否可用			

二、编制工业废水酸度或碱度检测报告 （ 表 1-35 ）

出具报告要求:

1. 无遗漏项,无涂改,字体填写规范,报告整洁。

2. 检测数据分析结果仅对送检样品负责。

表 1-35　　北京市工业技师学院
分析测试中心

检 测 报 告 书

检品名称_____

被检单位_____

报告日期　　年　　月　　日

检 测 报 告 书 首 页

北京市工业技师学院分析测试中心

字（20　　年）第　　号

检品名称＿＿＿＿＿＿＿＿＿＿＿＿＿＿＿＿＿＿＿＿＿＿　检测类别　委托（送样）＿＿＿＿＿＿＿

被检单位＿＿＿＿＿＿＿＿＿＿＿＿＿＿＿＿　检品编号＿＿＿＿＿＿＿＿＿＿＿＿＿＿＿＿＿＿＿

生产厂家＿＿＿＿＿＿＿＿＿＿＿＿＿＿＿＿　检测目的＿＿＿＿＿＿＿生产日期＿＿＿＿＿＿＿

检品数量＿＿＿＿＿＿＿＿＿＿＿＿＿＿＿＿　包装情况＿＿＿＿＿＿＿采样日期＿＿＿＿＿＿＿

采样地点＿＿＿＿＿＿＿＿＿＿＿＿＿＿＿＿　检品性状＿＿＿＿＿＿＿送检日期＿＿＿＿＿＿＿

检测项目＿＿＿＿＿＿＿＿＿＿＿＿＿＿＿＿＿＿＿＿＿＿＿＿＿＿＿＿＿＿＿＿＿＿＿＿＿＿＿

检测依据：

评价标准：

本栏目以下无内容

检测环境条件：＿＿＿＿＿＿温度：＿＿＿＿＿＿＿＿＿相对湿度：＿＿＿＿＿＿气压：＿＿＿＿＿＿＿＿＿

主要检测仪器设备：

名称＿＿＿＿＿＿＿编号＿＿＿＿＿＿＿型号＿＿＿＿＿＿＿

名称＿＿＿＿＿＿＿编号＿＿＿＿＿＿＿型号＿＿＿＿＿＿＿

报告编制：　　　　　校　对：　　　　　签　发：　　　　　　盖　章

年　　月　　日

报告书包括封面、首页、正文（附页）、封底，并盖有计量认证章、检测章和骑缝章。

检 测 报 告 书

项目名称	参考值	测定值	判定

报告书包括封面、首页、正文（附页）、封底，并盖有计量认证章、检测章和骑缝章。

结论及评价：

本栏目以下无内容

三、环节评价（表 1-36）

表 1-36　环节评价

评分项目			配分	评分细则	自评得分	小组评价	教师评价
素养 (40分)	纪律情况 (15分)	不迟到，不早退	5分	违反一次不得分			
		积极思考回答问题	5分	根据上课统计情况得 1~5 分			
		三有一无(有本、笔、书，无手机)	5分	违反规定每项扣 2 分			
		执行教师命令	0分	此为否定项，违规酌情扣 10~100 分，违反校规按校规处理			
	职业道德(8分)	与他人合作	3分	不符合要求不得分			
		发现问题	5分	按照发现问题得 1~5 分			
	5S(7分)	场地、设备整洁干净	4分	合格得 4 分；不合格不得分			
		服装整洁，不佩戴饰物	3分	合格得 3 分；违反一项扣 1 分			
	职业能力(10分)	质量意识	5分	按检验细心程度得 1~5 分			
		沟通能力	5分	发现问题良好沟通得 1~5 分			
核心技术 (40分)	编制质量分析报告(20分)	完整正确	5分	全部正确得 5 分；错一项扣 1 分			
		时间要求	5分	15min 内完成得 5 分；每超过 3min 扣 1 分			
		数据分析	5分	正确完整得 5 分；错项漏项一项扣 1 分			
		结果判断	5分	判断正确得 5 分			
	编制检测报告(20分)	要素完整	15分	按照要求得 1~15 分，错项漏项一项扣 1 分			
		时间要求	5分	15min 内完成得 5 分；每超过 3min 扣 1 分			
工作页完成情况(20分)	按时完成工作页(20分)	按时提交	5分	按时提交得 5 分，迟交不得分			
		完成程度	5分	按情况分别得 1~5 分			
		回答准确率	5分	视情况分别得 1~5 分			
		书面整洁	5分	视情况分别得 1~5 分			
总分							
综合得分(自评 20%，小组评价 30%，教师评价 50%)							

教师评价签字：　　　　　　　　　　　　　　　组长签字：

请你根据以上打分情况，对本活动当中的工作和学习状态进行总体评述(从素养的自我提升方面、职业能力的提升方面进行评述，分析自己的不足之处，描述对不足之处的改进措施)。

教师指导意见：

学习活动五　总结拓展

建议学时：6 学时

学习要求：通过本活动总结本项目的作业规范和核心技术并通过同类项目练习进行强化。具体要求见表 1-37。

表 1-37　工作步骤、要求及学时安排

序号	工作步骤	要　　求	建议学时	备注
1	撰写水质酸度或碱度检测技术总结报告	能在 60min 内完成总结报告撰写，要求提炼问题有价值，针对问题的改进措施有效	3 学时	
2	编制地下水水质酸度或碱度检测方案	在 60min 内按照要求完成地下水水质酸碱度检测的编写，内容符合国家标准要求	3 学时	

一、撰写技术总结报告（表1-38）

　　要求：（1）语言精练，无错别字。

　　　　　（2）编写内容主要包括：学习内容、体会、学习中的优缺点及改进措施。

　　　　　（3）字数500字左右。

表1-38　技术总结报告

_____项目总结

一、回顾检测过程（包括实验原理、仪器、试剂、检测流程等内容）

二、在检测过程中遇到哪些问题？你是如何解决的？

三、你认为本项目的关键技术有哪些？

四、完成本项目，你有哪些个人体会？

二、编制地下水酸度或碱度测定方案（表1-39）

　　查阅标准，编制地下水水质酸度或碱度测定方案

表 1-39　地下水酸度或碱度测定方案

方案名称：＿＿＿＿＿＿＿＿

一、任务目标及依据

(填写说明:概括说明本次任务要达到的目标及相关文件和技术资料)

二、工作内容安排

(填写说明:列出工作流程、工作要求、工量具材料、人员及时间安排等)

序号	工作流程	仪器	试剂	人员安排	时间安排	工作要求

三、验收标准

(填写说明:本项目最终的验收相关项目的标准)

四、有关安全注意事项及防护措施等

(填写说明:对测定的安全注意事项及防护措施,废弃物处理等进行具体说明)

三、环节评价（表1-40）

表1-40　环节评价

评分项目			配分	评分细则	自评得分	小组评价	教师评价
素养（40分）	纪律情况（15分）	不迟到,不早退	5分	违反一次不得分			
		积极思考,回答问题	5分	根据上课统计情况得1~5分			
		有书、本、笔,无手机	5分	违反规定每项扣2分			
		执行教师命令	0分	此为否定项,违规酌情扣10~100分,违反校规按校规处理			
	职业道德(8分)	与他人合作	3分	不符合要求不得分			
		认真钻研	5分	按认真程度得1~5分			
	5S（7分）	场地、设备整洁干净	4分	合格得4分;不合格不得分			
		服装整洁,不佩戴饰物	3分	合格得3分;违反一项扣1分			
	职业能力（10分）	总结能力	5分	视总结清晰流畅,问题清晰措施到位情况得1~5分			
		沟通能力	5分	总结汇报良好沟通得1~5分			
核心技术（40分）	撰写技术总结（20分）	语言表达	3分	视流畅通顺情况得1~3分			
		问题分析	10分	视准确具体情况得10分,依次递减			
		报告完整	4分	认真填写报告内容,齐全得4分			
		时间要求	3分	在60min内完成总结得3分;超过5min扣1分			
	编写地下水水质酸碱度检测方案（20分）	资料使用	2分	正确查阅维修手册得2分;错误不得分			
		检测项目完整	5分	完整得5分;错项漏项一项扣1分			
		流程	5分	流程正确得5分;错一项扣1分			
		标准	3分	标准查阅正确完整得3分;错项漏项一项扣1分			
		仪器、试剂	3分	完整正确得3分;错项漏项一项扣1分			
		安全注意事项及防护	2分	完整正确,措施有效得2分;错项漏项一项扣1分			
工作页完成情况（20分）	按时完成工作页（20分）	按时提交	5分	按时提交得5分,迟交不得分			
		完成程度	5分	按情况分别得1~5分			
		回答准确率	5分	视情况分别得1~5分			
		书面整洁	5分	视情况分别得1~5分			
总分							
综合得分(自评20%,小组评价30%,教师评价50%)							

教师评价签字：　　　　　　　　　　　　　　　　组长签字：

请你根据以上打分情况,对本活动当中的工作和学习状态进行总体评述(从素养的自我提升方面、职业能力的提升方面进行评述,分析自己的不足之处,描述对不足之处的改进措施)。

教师指导意见：

四、 项目总体评价（表 1-41）

表 1-41　项目总体评价

项次	项目内容	权重	综合得分（各活动加权平均分×权重）	备注
1	接受任务	10%		
2	制定方案	25%		
3	实施检测	30%		
4	验收交付	20%		
5	总结拓展	15%		
6	合计			
7	本项目合格与否		教师签字：	

请你根据以上打分情况，对本项目当中的工作和学习状态进行总体评述（从素养的自我提升方面、职业能力的提升方面进行评述，分析自己的不足之处，描述对不足之处的改进措施）。

教师指导意见：

学习任务二
实验室用水电导率测定

任务书

一、任务情景描述

　　电导率代表各种离子在水溶液中的导电能力,可用来表示各种离子的总量。 水溶液中电导率的大小不仅是衡量水质的一种常用指标,而且还能反映出水中可电离物质的多少。

　　由于实验室四楼纯水机出现故障,仪器分析时需用三楼统一购买的实验室蒸馏水进行检测,为减少蒸馏水对实验的影响,检测前必须要进行电导率的测定。 所以要求对实验用蒸馏水按照《水和废水监测分析方法(第四版)》要求, 或 GB/T 11446.1—1997 对实验室蒸馏水进行电导率测定。 要求学生能独立完成电导率测定,判断是否符合标准要求,并填写检测报告。

二、学习活动及课时分配表（表2-1）

表 2-1　学习活动及课时分配表

活 动 序 号	学 习 活 动	学 时 安 排	备　　注
1	接受任务	4 学时	
2	制定方案	8 学时	
3	检测样品	18 学时	
4	验收交付	4 学时	
5	总结拓展	6 学时	
合计		40 学时	

学习活动一　接受任务

建议学时：4 学时

学习要求：通过本活动明确本项目的任务和要求，学习电导率检测意义，学会书写任务分析报告，具体要求见表 2-2。

表 2-2　工作步骤、要求及学时安排

序号	工作步骤	要　求	时间	备注
1	识读任务单	(1) 5min 内读完任务单。 (2) 5min 内找出关键词，清楚工作任务。 (3) 5min 内说清楚参照标准。 (4) 5min 说清楚完成此工作的要求。	0.5 学时	
2	确定检测方法和仪器	(1) 15min 内明确污水中总酸（总碱）度指标的测定意义和表示方法。 (2) 15min 内清楚总酸（总碱）度测定的方法有几种。 (3) 15min 内清楚几种测定方法的适用对象（或范围）。	1 学时	
3	编制任务分析报告	完成任务分析报告中的项目名称及意义、样品性状、指标及其含义、检测依据、完成时间等项目的填写，并进行交流	2 学时	
4	环节评价		0.5 学时	

一、识读任务单（表 2-3）

表 2-3　QRD-1101 样品检测委托单

委托单位基本情况					
单位名称	北京市工业技师学院				
单位地址	北京市朝阳区化工路甲一号				
联系人	张磊	固定电话	54913456	手机	1380132112
样品情况					
委托样品	☑水样√		☐泥样	☐气体样品	
参照标准	GB/T 11446.1—1997				
样品数量	6个	采样容器	塑料桶装瓶	样品量	各2升
样品状态	☐浊　　☐较浊　　☐较清洁　　☐清洁√ ☐黑色　　☐灰色　　☐其他颜色				
检 测 项 目					

常规检测项目

☐液温	☐pH	☐悬浮物	☐化学需氧量	☐总磷	☐氨氮
☐动植物油	☐矿物油	☐色度	☐生物需氧量	☐溶解性固体	☐氯化物
☐浊度	☐总氮	☐溶解氧	☐总铬	☐六价铬	☐余氯
☐总大肠杆菌	☐粪大肠杆菌	☐细菌总数	☐表面活性剂	☐电导率√	

金属离子检测项目

☐总铜	☐总锌	☐总铅	☐总镉	☐总铁	☐总汞
☐总砷	☐总锰	☐总镍			

其他检测项目

☐钙	☐镁	☐总钠	☐钾	☐硒	☐锑
☐硼	☐酸度	☐碱度	☐硬度	☐甲醛	☐苯胺
☐硫酸盐	☐挥发酚	☐氰化物	☐总固体	☐氟化物	☐硝基苯
☐硫化物	☐硝酸盐氮	☐亚硝酸盐氮	☐高锰酸盐指数		
☐污泥含水率	☐灰分	☐挥发分	☐污泥浓度		

备　注				
样品存放条件	√室温\避光\冷藏(4℃)	样品处置		☐退回　☐处置(自由处置)
样品存放时间	可在室温下保存 7 天			
出报告时间	☐正常(十五天之内)　☐加急(七天之内)√			

1. 检测项目是：＿＿＿＿＿＿＿＿＿＿＿＿＿＿＿＿＿＿＿＿＿＿＿＿＿＿＿＿＿＿＿＿

2. 检验依据标准是：＿＿＿＿＿＿＿＿＿＿＿＿＿＿＿＿＿＿＿＿＿＿＿＿＿＿＿＿＿

3. 检测样品来源是：＿＿＿＿＿＿＿＿＿＿＿＿＿＿＿＿＿＿＿＿＿＿＿＿＿＿＿＿＿

4. 采集样品地点为：＿＿＿＿＿＿＿＿＿＿＿＿＿＿＿＿＿＿＿＿＿＿＿＿＿＿＿＿＿

5. 检验参照标准依据为：＿＿＿＿＿＿＿＿＿＿＿＿＿＿＿＿＿＿＿＿＿＿＿＿＿＿＿

6. 检验完成时间要求：＿＿＿＿＿＿＿＿＿＿＿＿＿＿＿＿＿＿＿＿＿＿＿＿＿＿＿＿＿

二、确定检测方法和仪器

1. 检测方法有＿＿＿＿＿＿＿＿种，本项目检测是用＿＿＿＿＿＿＿＿＿＿＿＿＿＿进行测定。

2. 检测用的仪器名称是＿＿＿＿＿＿＿＿＿＿＿＿＿＿，型号为＿＿＿＿＿＿＿＿＿＿＿。

3. 电导率检测意义是＿＿＿＿＿＿＿＿＿＿＿＿＿＿＿＿＿＿＿＿＿＿＿＿＿＿＿＿＿＿。

三、填写任务分析报告（表2-4）

表2-4　任务分析报告

任务分析报告

一、基本信息

序号	项　目	名　称	备　注
1	委托任务的单位		
2	项目联系人		
3	委托样品		
4	检验参照标准		
5	委托样品信息		
6	检测项目		
7	样品存放条件		
8	样品处置		
9	样品存放时间		
10	出具报告时间		
11	出具报告地点		

二、方法选择

序号	可选用方法	主要仪器

选定的方法为＿＿＿＿＿＿＿＿＿＿，原因如下：

四、环节评价（表2-5）

表2-5　环节评价

评分项目		配分	评分细则	自评得分	小组评价	教师评价
素养 (20分)	纪律 情况 (5分) 不迟到,不早退	2分	违反一次不得分			
	积极思考回答问题	2分	根据上课统计情况得1～5分			
	学习用品齐全	1分	违反规定每项扣2分			
	执行教师命令	0分	此为否定项,违规酌情扣10～100 分,违反校规按校规处理			
	职业 道德 (6分) 能与他人合作	2分	不符合要求不得分			
	主动帮助同学	2分	能主动帮助同学得2分;被动得1分			
	严谨、追求完美	2分	对工作精益求精且效果明显得2分; 对工作认真得1分;其余不得分			

续表

评分项目			配分	评分细则	自评得分	小组评价	教师评价
素养 (20分)	5S (4分)	场地、设备整洁干净	2分	使用的工位、设备整洁无杂物,得2分;不合格不得分			
		试剂、设备码放有序	2分	整齐规范得2分;违反一项扣1分			
	综合能力(5分)	阅读理解能力	5分	能快速准确明确任务要求并清晰表达得5分;能主动沟通在指导后达标得3分,其余不得分			
核心技术 (60分)	识读任务书 (20分)	委托书各项内容	10分	能全部掌握得10分;部分掌握得6~8分;不清楚不得分			
		电导率意义	5分	全部阐述清晰5分;部分阐述3~4分			
		电导率影响	5分	全部阐述清晰5分;部分阐述3~4分;不清楚不得分			
	明确检测方法 (5分)	时间要求	3分	15min内完成得3分;每超过3min扣1分			
		质量要求	2分	作业项目完整正确得5分;错项漏项一项扣1分			
		安全要求	0分	违反一项基本检查不得分			
	电导率仪使用 (15分)	装接正确	4分	完整得4分;漏一项扣1分			
		仪器检查与调试	3分	全部正确得3分;错一项扣1分			
		操作步骤	5分	全部正确得5分;错一项扣1分			
		5S管理	3分	清晰准确得3分;其他不得分			
	编制任务分析报告 (20分)	资料使用	8分	正确查阅任务单和资料得8分;错误不得分			
		项目完整	10分	完整得10分;错项漏项一项扣1分			
		提炼增项	2分	正确得2分;错一项扣1分			
工作页完成情况 (20分)	按时完成工作页 (20分)	按时提交	5分	按时提交得5分;迟交不得分			
		内容完成程度	5分	按情况分别得1~5分			
		回答准确率	5分	视情况分别得1~5分			
		字迹书面整洁	5分	视情况分别得1~5分			
总分							
综合得分(自评20%,小组评价30%,教师50%)							

教师评价签字:　　　　　　　　　　　组长签字:

请你根据以上打分情况,对本活动当中的工作和学习状态进行总体评述(从素养的自我提升方面、职业能力的提升方面进行评述,分析自己的不足之处,描述对不足之处的改进措施)。

教师指导意见:

学习活动二　制定方案

建议学时：8学时

学习要求：通过水质电导率检测流程图的绘制以及试剂、仪器清单的编写，完成实验室和用水电导率检测方案的编制。 具体要求及学时安排见表 2-6。

表 2-6　工作步骤、要求及学时安排

序号	工作步骤	要　　求	建议学时
1	填写检测流程表	在 45min 内完成，流程表符合项目要求	2学时
2	编制试剂使用清单	清单完整，符合检测需求	2学时
3	编制仪器使用清单	清单完整，符合检测需求	0.5学时
4	编制溶液制备清单	清单完整，符合检测需求	1学时
5	编制检测方案	在 90min 内完成编写，任务描述清晰，检验标准符合厂家要求，试剂、材料与流程表及检测标准对应	2学时
6	环节评价		0.5学时

1. 通过学习电导率仪原理，回答以下问题：

（1）电导率含义是_____。其单位是_____。

（2）电导率的大小影响因素有_____。

（3）测定电导率的标准溶液是_____。

（4）电导电极有几种？_____。

2. 认识仪器

查阅资料，对照示意图，填写仪器各部分名称，电导率仪实物图如图 2-1 所示。

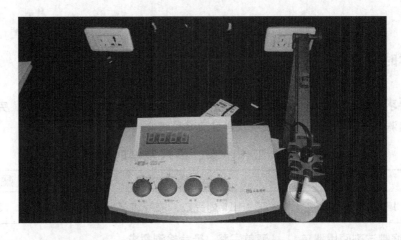

图 2-1　上海精科-雷磁 DDS-307 电导率仪实物图

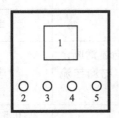

图 2-2　前面板

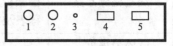

图 2-3　后面板

前面板如图 2-2 所示，图中

1_____ 2_____

3_____ 4_____

5_____

后面板如图 2-3 所示，图中

1_____ 2_____

3_____ 4_____

5_____

一、填写检测流程表

阅读标准，填写水质酸度检测工作流程表（表 2-7），要求操作项目具体可执行。

表 2-7 检测工作流程表

序号	操作项目	序号	操作项目
1		7	
2		8	
3		9	
4		10	
5		11	
6			

二、编制试剂使用清单（表 2-8）

表 2-8 试剂使用清单

序号	试剂名称	分子式	试剂规格	用 途
1				
2				
3				

三、编制仪器使用清单（表 2-9）

表 2-9 仪器使用清单

序号	仪器名称	规 格	数量	用 途
1				
2				
3				
4				
5				
6				
7				

四、编制溶液制备清单（表 2-10）

表 2-10 溶液制备清单

序号	制备溶液名称	制备方法	制备量
1			
2			
3			
4			

五、编制检测方案（表2-11）

表2-11　检测方案

方案名称：

一、任务目标及依据

（填写说明：概括说明本次任务要达到的目标及相关文件和技术资料）

二、工作内容安排

（填写说明：列出工作流程、工作要求、使用的仪器、试剂、人员及时间安排等）

序号	工作流程	仪器	试剂	人员安排	时间安排	工作要求

三、验收标准

（填写说明：本项目最终的验收相关项目的标准）

四、有关安全注意事项及防护措施等

（填写说明：对检测的安全注意事项及防护措施，废弃物处理等进行具体说明）

六、环节评价（表 2-12）

表 2-12 环节评价

评分项目		配分	评分细则	自评得分	小组评价	教师评价
素养（40分）	纪律情况（15分）不迟到，不早退	5分	违反一次不得分			
	积极思考，回答问题	5分	根据上课统计情况得1~5分			
	三有一无(有本、笔、书,无手机)	5分	违反规定每项扣2分			
	执行教师命令	0分	此为否定项,违规酌情扣10~100分,违反校规按校规处理			
	职业道德（5分）与他人合作	2分	不符合要求不得分			
	追求完美	3分	对工作精益求精且效果明显得3分,对工作认真得2分,其余不得分			
	5S（7分）场地、设备整洁干净	4分	合格得4分;不合格不得分			
	服装整洁,不佩戴饰物	3分	合格得3分;违反一项扣1分			
	职业能力（13分）策划能力	5分	按方案策划逻辑性得1~5分			
	资料使用	3分	正确标准等资料得3分,错误不得分			
	创新能力	5分	项目分类、顺序有创新,视情况得1~5分			
检测实施方案（40分）	时间（3分）时间要求	3分	按时完成得3分;超时10min扣1分			
	目标依据（5分）目标清晰	3分	目标明确,可测量得1~3分			
	编写依据	2分	依据资料完整得2分;缺一项扣1分			
	检测流程（15分）项目完整	7分	完整得7分;漏一项扣1分			
	顺序	8分	全部正确得8分;错一项扣1分			
	工具材料清单（5分）试剂	2分	完整、型号正确得2分;错项漏项一项扣1分			
	仪器	2分	数量型号正确得2分;错一项扣1分			
	溶液配制	1分	完整、准确得1分			
	验收标准（5分）标准	5分	标准查阅正确、完整得5分;错、漏一项扣1分			
	安全注意事项及防护等（7分）安全注意事项	3分	归纳正确、完整得3分			
	防护措施	4分	按措施针对性、有效性得1~4分			
工作页完成情况（20分）	按时完成工作页（20分）按时提交	5分	按时提交得5分,迟交不得分			
	完成程度	5分	按情况分别得1~5分			
	回答准确率	5分	视情况分别得1~5分			
	书面整洁	5分	视情况分别得1~5分			
总分						
综合得分（自评20%,小组评价30%,教师评价50%）						

教师评价签字： 组长签字：

请你根据以上打分情况,对本活动当中的工作和学习状态进行总体评述(从素养的自我提升方面、职业能力的提升方面进行评述,分析自己的不足之处,描述对不足之处的改进措施)。

教师指导意见：

学习活动三　检测样品

建议学时：18 学时

学习要求：按照检测实施方案中的内容，进行实验室用水电导率测定，过程中符合安全、规范、环保等 5S 要求，具体要求见表 2-13。

表 2-13　工作步骤、要求及学时安排

序号	工作步骤	要　　求	建议学时	备　注
1	配制溶液	学会试剂溶液配制方法 掌握浓度计算及表示 明确 5S 管理	3 学时	
2	准备仪器	掌握电导率仪使用要求 规范操作仪器设备	2 学时	
3	方法验证	检测流程清晰 正确判断结果 满足方法验证要求	4 学时	
4	样品处理	样品保存符合要求 处理方法判断正确	0.5 学时	
5	检测样品	在 70min 内提出出现的问题及处理方法，并列出合适的实验条件	8 学时	
6	环节评价		0.5 学时	

安全注意事项

根据流程及工作方案，填写检测中必须注意的安全事项要点，见表2-14。

表 2-14　检测环节及安全事项

序号	检测环节	安全隐患	杜绝措施
1			
2			
3			
4			

一、配制溶液（表 2-15）

表 2-15　配制溶液

序号	制备溶液名称	制备方法	制备量
1			
2			
3			
4			

二、准备仪器

1. 电极常数测定用_____标准氯化钾溶液冲洗电导池_____次。

2. 将电导池注满标准溶液，置于恒温水浴中_____ min。

3. 测定溶液电阻，更换标准溶液进行测定，重复数次，使电阻稳定在_____范围内，取其_____值。

4. 用公式_____计算，对于 $0.01mol/L$ 氯化钾标准溶液，在 $K=$ _____时，则 $Q=$ _____。

5. 电导率仪测量数据误差不得超过_____。

6. 仪器确认单（表2-16）。

表 2-16　仪器确认单

序号	仪器名称	规格	数量	仪器确认	备注

三、方法验证

按照电极常数标定规程，进行电极常数标定，并完成记录填写。

1. 电导率仪电极常数标定记录（表 2-17）

表 2-17　电导率仪电极常数标定记录

仪器型号	DDS-307	电极类型		出厂电极常数	
环境温度	℃	环境湿度	%	标定日期	

2. 标准溶液配制记录（表 2-18）

表 2-18　标准溶液配制记录

项目	溶质(KCl)	溶液体积	近似浓度	环境温度	电导率值
标准溶液配制	g	mL	mol/L	℃	μS/cm
备注	KCl 为一级试剂,在 110℃烘箱中烘 4h,冷却后称重				

3. 标定前准备（表 2-19）

表 2-19　标定前准备

项　目	要　求	判定	
清洗电极	用去离子水对电极冲洗两次,再用配制好的 KCl 溶液冲洗 3 次	合	否
仪器校准	预热 30min 后,按标定规程的内容对仪器进行校准	合	否

4. 电极常数标定记录（表 2-20）

表 2-20　电极常数标定记录

项　目	仪器显示值	电极常数	平均值
常数标定	μS/cm		
	μS/cm		
	μS/cm		
标定依据	DDS-307 电导率仪电极常数标定规程		
测试结果	电极常数:		
备注			
校验		审核	

四、样品处理

1. 样品需要处理吗？如何处理？

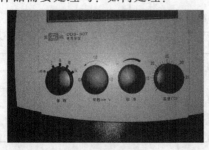 

2. 上图中，说明如何操作左图按钮，呈现出右图状态？

五、检测样品

1. 开机

（1）电源线插入仪器电源插座，仪器必须有良好接地。

（2）按电源开关，接通电源，预热 30min 后，进行校准。

2. 校准

仪器使用前必须进行校准！

将"选择"开关指向"检查"，"常数"补偿调节旋钮指向"1"刻度线，"温度"补偿调节旋钮指向"25"刻度线，调节"校准"调节钮，使仪器显示 100.0μS/cm，至此校准完毕。

3. 测量

（1）正确选择电导电极常数，可配用的常数为 0.01、0.1、1.0、10 四种不同类型的电导电极，根据测量范围参照。

（2）设置电极常数

① 将"选择"开头指向"检查"，"温度"补偿调节旋钮指向"25"刻度线，调节"校准"调节旋钮，使仪器显示 100.0μS/cm。

② 调节"常数"补偿调节旋钮，使仪器显示值与电极上所标数值一致。

（3）温度补偿的设置

调节仪器面板上"温度"补偿调节旋钮，使其指向待测溶液的实际温度值，此时，测量得到的将是待测溶液经过温度补偿后折算为 25℃下的电导率值。

如果将"温度"补偿调节旋钮指向"25"刻度线，那么测量的将是待测溶液在该温度下未经补偿的原始电导率值。

（4）常数、温度补偿设置完毕，应将"选择"开关置合适位置。当测量过程中，显示值熄灭时，说明测量值超出量程范围，此时，应切换"开关"至上一档量程。

（5）待仪器显示值稳定后，所显示数值即为样品电导率值。

六、填写原始数据记录表（表 2-21）

表 2-21　北京市工业技师学院分析测试中心
电导率仪原始记录

第　页共　页

日期：　　　　温度/℃：　　　　湿度/%：

样品名称		样品编号		
检验依据				
仪器型号		仪器编号		
测定记录	样品处理：			
	测定值：	1	2	3

检验者：　　　　　　　　　　校对者：

日　期：　　　　　　　　　　日　期：

七、教师考核表（表 2-22）

表 2-22　教师考核表

实验室用水电导率检测工作流程评价表						
第一阶段　试剂准备(20 分)						
序号	考核内容	考核标准	正确	错误	分值	得分
1	氯化钾标准溶液配制	(1)确定氯化钾的量正确 (2)溶解操作正确 (3)转移到容量瓶中操作正确 (4)标签书写正确			10 分	
2	称量操作	(1)称量前准备 ①检查电子天平水平 ②会校正电子天平 (2)称量操作 ①会去皮操作 ②称量操作规范 ③多余试样不放回试样瓶中 ④称量操作有条理性 (3)称量后操作 ①称量过程中及时记录实验数据 ②称完后及时将样品放回原处 ③将多余试样统一放好 ④及时填写称量记录本			10 分	
第二阶段　准备仪器(15 分)						
序号	考核内容	考核标准	正确	错误	分值	得分
3	仪器检查与调试	(1)仪器检查 ①检查仪器连接是否完好 ②电源检查 ③是否预热 ④进行电极检查 (2)调试操作 ①正确开机 ②会校准 ③测量电极常数 ④会进行温度补偿			15 分	
第三阶段　样品处理(5 分)						
序号	考核内容	考核标准	正确	错误	分值	得分
4	样品处理	(1)观察样品外观 (2)确定是否进行处理 (3)处理方法得当			5 分	

续表

实验室用水电导率检测工作流程评价表

第四阶段　方法验证、实施检测（25分）

序号	考核内容	考核标准	正确	错误	分值	得分
5	电导率仪使用	(1)开机预热时间符合要求 (2)校准正确 (3)确定电极常数 (4)规范测定电导率 (5)温度补偿正确 (6)电极清洗正确 (7)测量准确 (8)数据记录正确 (9)仪器出现不稳定能及时调试 (10)关机正确			20分	
6	测后工作	(1)实验仪器的处理 ①将被测溶液倒出,并洗净容器 ②将电极清洗干净,并按要求收好 ③关闭电源,放在指定位置 (2)实验药品的摆放 ①公用药品用完后及时放回原处 ②药品、仪器摆放整齐 ③实验完药品用布将瓶外壁擦净 (3)实验台面的清整 ①将仪器设备放回原处 ②将所用玻璃仪器排放有序 ③将实验台面用布擦净 ④清洗干净揩布			5分	

第五阶段　实验数据记录（15分）

序号	考核内容	考核标准	正确	错误	分值	得分
7	数据记录	(1)数据记录真实准确完整 (2)数据修正符合要求 (3)数据记录表整洁			15分	
		实验室用水电导率检测			80分	

	综合评价项目	详细说明	分值	得分
1	基本操作规范性	动作规范准确得3分 动作比较规范,有个别失误得2分 动作较生硬,有较多失误得1分	3分	
2	熟练程度	操作非常熟练得5分 操作较熟练得3分 操作生疏得1分	5分	
3	分析检测用时	按要求时间内完成得3分 未按要求时间内完成得2分	3分	
4	实验室5S	试验台符合5S得2分 试验台不符合5S得1分	2分	
5	礼貌	对待考官礼貌得2分 欠缺礼貌得1分	2分	
6	工作过程安全性	非常注意安全得5分 有事故隐患得1分 发生事故得0分	5分	
	综合评价项目分值小计		20分	
	总成绩分值合计		100分	

八、环节评价（表2-23）

表2-23 环节评价

评分项目			配分	评分细则	自评得分	小组评价	教师评价
素养 (40分)	纪律 情况 (15分)	不迟到,不早退	5分	违反一次不得分			
		积极思考回答问题	5分	根据上课统计情况得1~5分			
		三有一无(有本、笔、书,无手机)	5分	违反规定每项扣2分			
		执行教师命令	0分	此为否定项,违规酌情扣10~100分,违反校规按校规处理			
	职业 道德 (5分)	与他人合作	2分	不符合要求不得分			
		追求完美	3分	对工作精益求精且效果明显得3分,对工作认真得2分,其余不得分			
	5S (7分)	场地、设备整洁干净	4分	合格得4分;不合格不得分			
		服装整洁,不佩戴饰物	3分	合格得3分;违反一项扣1分			
	职业 能力 (13分)	策划能力	5分	按方案策划逻辑性得1~5分			
		资料使用	3分	正确标准等资料得3分,错误不得分			
		创新能力	5分	项目分类、顺序有创新,视情况得1~5分			
核心 能力 (40分)	操作技能		教师考核得分×0.4	考核明细			
工作页 完成 情况 (20分)	按时完 成工 作页 (20分)	按时提交	5分	按时提交得5分,迟交不得分			
		完成程度	5分	按情况分别得1~5分			
		回答准确率	5分	视情况分别得1~5分			
		书面整洁	5分	视情况分别得1~5分			
总分							
综合得分(自评20%,小组评价30%,教师50%)							
教师评价签字:				组长签字:			

请你根据以上打分情况,对本活动当中的工作和学习状态进行总体评述(从素养的自我提升方面、职业能力的提升方面进行评述,分析自己的不足之处,描述对不足之处的改进措施)。

教师指导意见:

学习活动四　验收交付

建议学时：4 学时

学习要求：通过本活动学习，对检测数据的正确判断及计算能独立完成，并出具检测报告。具体要求见表 2-24。

表 2-24　工作步骤、要求及学时安排

序号	工作步骤	要　　求	时间/min
1	编制质量分析报告	能正确计算数据并能依据检测标准判断分析数据有效性	90
2	编制实验室用水电导率检测报告	能依据规范出具检测报告	80
3	评价	能正确进行自我评价和小组评价	10

一、编制质量分析报告

1. 数据处理（表 2-25）

表 2-25　数据处理

电导率平均值	
极差	
相对极差	

2. 编制质量分析报告（表 2-26）

表 2-26　质量分析报告

序号	检测数据	相对极差	标准规定相对极差值	是否符合出具报告要求	
1				是	否
2				是	否
3				是	否
4				是	否

二、编制实验室用水电导率检测报告（表 2-27）

表 2-27

北京市工业技师学院
分析测试中心

检 测 报 告 书

检品名称＿＿＿＿＿＿＿＿＿＿＿
被检单位＿＿＿＿＿＿＿＿＿＿＿

报告日期　　年　　月　　日

检 测 报 告 书 首 页

北京市工业技师学院分析测试中心

字（20　　年）第　　　号

_____

检品名称_____　检测类别　委托（送样）_____

被检单位_____　检品编号_____

生产厂家_____　检测目的_____　生产日期_____

检品数量_____　包装情况_____　采样日期_____

采样地点_____　检品性状_____　送检日期_____

检测项目_____

_____

检测依据：

评价标准：

本栏目以下无内容

_____

检测环境条件：_____　温度：_____　相对湿度：_____　气压：_____

主要检测仪器设备：

名称_____　编号_____　型号_____

名称_____　编号_____　型号_____

报告编制：　　　　　校　对：　　　　　　签　发：　　　　　　　　盖　章

　　　　　　　　　　　　　　　　　　　　　　　　　　　　　　　　年　　月　　日

_____

报告书包括封面、首页、正文（附页）、封底，并盖有计量认证章、检测章和骑缝章。

检 测 报 告 书

项目名称	参考值	测定值	判定

报告书包括封面、首页、正文（附页）、封底，并盖有计量认证章、检测章和骑缝章。

结论及评价：

本栏目以下无内容

三、评价（表 2-28）

表 2-28　评价

评分项目			配分	评分细则	自评得分	小组评价	教师评价
素养（40分）	纪律情况（15分）	不迟到,不早退	5分	违反一次不得分			
		积极思考,回答问题	5分	根据上课统计情况得1~5分			
		三有一无(有本、笔、书,无手机)	5分	违反规定每项扣2分			
		执行教师命令	0分	此为否定项,违规酌情扣10~100分,违反校规按校规处理			
	职业道德(8分)	与他人合作	3分	不符合要求不得分			
		发现问题	5分	按照发现问题得1~5分			
	5S（7分）	场地、设备整洁干净	4分	合格得4分,不合格不得分			
		服装整洁,不佩戴饰物	3分	合格得3分,违反一项扣1分			
	职业能力(10分)	质量意识	5分	按检验细心程度得1~5分			
		沟通能力	5分	发现问题良好沟通得1~5分			
核心技术（40分）	编制质量分析报告（20分）	完整正确	5分	全部正确得5分;错一项扣1分			
		时间要求	5分	15min内完成得5分;每超过3min扣1分			
		数据分析	5分	正确完整得5分;错项漏项一项扣1分			
		结果判断	5分	判断正确得5分			
	编制检测报告（20分）	要素完整	15分	按照要求得1~15分,错项漏项一项扣1分			
		时间要求	5分	15min内完成得5分;每超过3min扣1分			
工作页完成情况（20分）	按时完成工作页（20分）	按时提交	5分	按时提交得5分,迟交不得分			
		完成程度	5分	按情况分别得1~5分			
		回答准确率	5分	视情况分别得1~5分			
		书面整洁	5分	视情况分别得1~5分			
总分							
综合得分(自评20%,小组评价30%,教师评价50%)							

教师评价签字：　　　　　　　　　　　　　　组长签字：

请你根据以上打分情况,对本活动当中的工作和学习状态进行总体评述(从素养的自我提升方面、职业能力的提升方面进行评述,分析自己的不足之处,描述对不足之处的改进措施)。

教师指导意见：

实验中出现的不合格项原因分析及改进措施：

学习活动五　总结拓展

建议学时：6学时

学习要求：通过本活动总结本项目的作业规范和核心技术，并通过同类项目练习进行强化。具体要求见表2-29。

表 2-29　工作步骤、要求及学时安排

序号	工作步骤	要　　求	学时	备注
1	撰写实验室用水检测技术总结报告	能在125min内完成总结报告撰写，要求提炼问题有价值，针对问题的改进措施有效	3学时	
2	编制水基型切削液电导率测定方案	在125min内按照要求完成水基型切削液电导率测定的编写，内容符合国家标准要求	3学时	

一、撰写检测总结（表 2-30）

要求：（1）语言精练，无错别字。

（2）编写内容主要包括：学习内容、体会、学习中的优缺点及改进措施。

（3）字数 500 字左右。

表 2-30　检测总结

_____项目总结

一、回顾检测流程：

序号	主要操作步骤	主要要点
1		
2		
3		
4		
5		
6		

二、遇到的问题及解决措施：

三、个人体会：

二、编制水基型切削液电导率的测定方案

1. 水样中含有粗大悬浮物质、油和脂等干扰测定，应如何处理？

2. 根据上述标准，编制水基型切削液电导率的测定方案（表 2-31）。

表 2-31　测定方案

方案名称：＿＿＿＿＿＿＿＿

一、任务目标及依据
(填写说明:概括说明本次任务要达到的目标及相关文件和技术资料)

二、工作内容安排
(填写说明:列出工作流程、工作标准、工量具材料、人员及时间安排等)

序号	工作流程	仪器	试剂	人员安排	时间安排	工作要求

三、验收标准
(填写说明:本项目最终的验收相关项目的标准)

四、有关安全注意事项及防护措施等
(填写说明:对测定的安全注意事项及防护措施,废弃物处理等进行具体说明)

三、环节评价（表 2-32）

表 2-32　环节评价

	评分项目		配分	评分细则	自评得分	小组评价	教师评价
素养 (20分)	纪律 情况 (5分)	不迟到,不早退	2分	违反一次不得分			
		积极思考,回答问题	2分	根据上课统计情况得 1～5 分			
		有书本笔,无手机	1分	违反规定每项扣 2 分			
		执行教师命令	0分	此为否定项,违规酌情扣 10～100 分,违反校规按校规处理。			
	职业道 德(5分)	与他人合作	3分	不符合要求不得分			
		认真钻研	2分	按认真程度得 1～5 分			
	5S (5分)	场地、设备整洁干净	3分	合格得 4 分 不合格不得分			
		服装整洁,不佩戴饰物	2分	合格得 3 分 违反一项扣 1 分			
	职业 能力 (5分)	总结能力	3分	视总结清晰流畅,问题清晰措施到位 情况得 1～5 分			
		沟通能力	2分	总结汇报良好沟通得 1～5 分			

评分项目			配分	评分细则	自评得分	小组评价	教师评价
核心技术（60分）	编制技术总结（20分）	语言表达	3分	视流畅通顺情况得1～3分			
		关键步骤提炼	10分	视准确具体情况得5分			
		问题分析	4分	能正确分析出现问题得1～5分			
		时间要求	3分	在60min内完成总结得2分；超过5min扣1分			
	编制水基型切削液电导率的测定方案（25分）	资料使用	2分	正确查阅国家标准得2分；错误不得分			
		目标依据	2分	正确完整得2分；基本完整扣1分			
		工作流程	5分	工作流程正确得5分；错一项扣1分			
		工作要求	5分	要求明确清晰得5分；错一项扣1分			
		人员	2分	人员分工明确，任务清晰得2分；不明确一项扣1分			
		验收标准	2分	标准查阅正确完整得2分			
		仪器试剂	2分	完整正确得2分；错项漏项一项扣1分			
		安全注意事项及防护	5分	完整正确，措施有效得5分；错项漏项一项扣1分			
工作页完成情况（20分）	按时完成工作页（20分）	按时提交	5分	按时提交得5分，迟交不得分			
		完成程度	5分	按情况分别得1～5分			
		回答准确率	5分	视情况分别得1～5分			
		书面整洁	5分	视情况分别得1～5分			
总分							
综合得分（自评20%，小组评价30%，教师评价50%）							

教师评价签字：	组长签字：

请你根据以上打分情况，对本活动当中的工作和学习状态进行总体评述（从素养的自我提升方面、职业能力的提升方面进行评述，分析自己的不足之处，描述对不足之处的改进措施）。

教师指导意见：

四、项目总体评价（表2-33）

表2-33　项目总体评价

项次	项目内容	权重	综合得分（各活动加权平均分×权重）	备注
1	接受分析任务	10%		
2	制定检测	25%		
3	检测样品	30%		
4	验收交付	20%		
5	总结拓展	15%		
6	合计			
7	本项目合格与否		教师签字：	

请你根据以上打分情况，对本项目当中的工作和学习状态进行总体评述（从素养的自我提升方面、职业能力的提升方面进行评述，分析自己的不足之处，描述对不足之处的改进措施）。

教师指导意见：

学习任务三
生活饮用水硬度测定

任务书

受学院的委托，对学院南一区、南三区和北校区的生活饮用水按照 GB 5750.2—2006《生活饮用水标准检验方法中水样的采集与保存》进行样品的采集，并按照 GB 5750.4—2006《生活饮用水总硬度测定》要求对生活饮用水总硬度进行测定，要求在 9 月 15 日到 9 月 19 日 5 个工作日，在化学分析室（一）内完成 5 个采样点的水质分析，要求平行测定且相对极差不大于1.0%，并出具检测报告。

 二、学习活动及课时分配表（表3-1）

表 3-1 学习活动及课时分配表

活 动 序 号	学 习 活 动	学 时 安 排	备 注
1	接受任务	4 学时	
2	制定方案	8 学时	
3	检测样品	24 学时	
4	验收交付	6 学时	
5	总结拓展	6 学时	
合 计		48 学时	

学习活动一 接受任务

建议学时：4学时

学习要求：通过本活动明确本项目的任务和要求，学习《水质理化指标检测》中"总硬度"测定的项目明细。 具体要求见表 3-2。

表 3-2 工作步骤、要求及学时安排

序号	工作步骤	要 求	时间	备注
1	识读任务单	(1) 5min 内读完任务单 (2) 5min 内找出关键词，清楚工作任务 (3) 5min 内说清楚参照标准 (4) 5min 说清楚完成此工作的要求	0.5 学时	
2	确定检测方法和仪器	(1) 15min 内明确硬度指标的测定意义和表示方法 (2) 15min 内清楚硬度测定的方法有几种 (3) 15min 内清楚几种测定方法的适用对象（或范围）	1 学时	
3	编制任务分析报告	完成任务分析报告中的项目名称及意义、样品性状、指标及其含义、检测依据、完成时间等项目的填写，并进行交流	2 学时	
4	环节评价		0.5 学时	

一、识读任务单（表3-3）

表 3-3 QRD-1101 样品检测委托单

委托单位基本情况					
单位名称	北京市城市排水监测总站责任有限公司				
单位地址	北京市朝阳区来广营甲 3 号				
联系人	孙宝云	固定电话	54913456	手机	1380132112
样品情况					
委托样品	□水样√　　　　　　□泥样　　　　　　□气体样品				
参照标准	HZ—HJ—SZ 0128				
样品数量	12 个	采样容器	塑料桶装瓶	样品量	各 2 升
样品状态	□浊　　　　□较浊　　　　□较清洁√　　　　□清洁 □黑色　　　□灰色　　　□其他颜色				

检 测 项 目

常规检测项目

□液温	□pH	□悬浮物	□化学需氧量	□总磷	□氨氮
□动植物油	□矿物油	□色度	□生物需氧量	□溶解性固体	□氯化物
□浊度	□总氮	□溶解氧	□总铬	□六价铬	□余氯
□总大肠杆菌	□粪大肠杆菌	□细菌总数	□表面活性剂		

金属离子检测项目

□总铜	□总锌	□总铅	□总镉	□总铁	□总汞
□总砷	□总锰	□总镍			

其他检测项目

□钙	□镁	□总钠	□钾	□硒	□锑
□硼	□酸度	□碱度	□硬度√	□甲醛	□苯胺
□硫酸盐	□挥发酚	□氰化物	□总固体	□氟化物	□硝基苯
□硫化物	□硝酸盐氮	□亚硝酸盐氮	□高锰酸盐指数		
□污泥含水率	□灰分	□挥发分	□污泥浓度		

备　注				
样品存放条件	√室温\避光\冷藏(4℃)	样品处置		□退回　□处置(自由处置)
样品存放时间	可在室温下保存 7 天			
出报告时间	□正常(十五天之内)　□加急(七天之内)√			

1. 请同学们用红色笔划出任务当中的关键词，并把关键词抄在下面横线上。

_____

2. 请你从关键词中选择词语组成一句话，说明该任务的要求。要求：其中包含时间、地点、人物、事件的具体要求。

_____

3. 任务要求我们检测生活饮用水中总硬度这个指标，请你回忆一下，之前测定过水中哪些指标呢？采用的是什么方法？（表3-4）

表 3-4 采用方法及国标

指 标	采用方法及国标

现在要求检测水中总硬度，那么什么是生活饮用水呢？什么是水的硬度？什么是暂时硬度？什么是永久硬度？什么是总硬度？

_____

_____

4. 在我国，水的硬度的表示方法是什么样的？德国、美国、英国、法国分别是如何进行表示的？

_____

_____

5. 我国《生活饮用水卫生标准》规定，总硬度（以 $CaCO_3$ 计）限值为多少？

_____

_____

6. 以碳酸钙浓度表示的硬度大致分为以下几个等级，请填写其硬度分别是多少？以 mg/L 计，见表 3-5。

表 3-5 硬度及描述

序号	硬度	描 述
1		极软水
2		软水
3		中硬水
4		硬水
5		高硬水
6		超高硬水
7		特硬水

7. 水硬度含量过高，会带来哪些危害？请查阅相关资料，以小组的形式，罗列出可能带来的危害（不少于 3 条）。

(1) _____

_____

(2) _____

_____

(3) _____

_____

8. 水硬度的测定有哪些方法？

9. 如何软化水的总硬度呢？请查阅相关资料，以小组形式，罗列出治理方法（不少于 3 条）。

_____

_____

_____

二、编制任务分析报告（表 3-6）

表 3-6　任务分析报告

任务分析报告

一、基本信息

	项　目	名称	备注
1	委托任务的单位		
2	项目联系人		
3	委托样品		
4	检验参照标准		
5	委托样品信息		
6	检测项目		
7	样品存放条件		
8	样品处置		
9	样品存放时间		
10	出具报告时间		
11	出具报告地点		

二、方法选择

序号	可选用方法	主要仪器

选定的方法为_____,原因如下：

四、环节评价（表 3-7）

表 3-7 环节评价

评分项目			配分	评分细则		自评得分	小组评价	教师评价
素养 (40分)	纪律 情况 (15分)	不迟到,不早退	5分	违反一次不得分				
		积极思考回答问题	5分	不积极思考回答问题 扣1~5分				
		学习用品准备齐全	5分	违反规定每项 扣2分				
		执行教师命令	0分	不听从教师管理酌情 扣10~100分 违反校规校纪处理 扣100分				
	职业 道德 (10分)	能与他人合作	5分	不能按要求与他人合作 扣5分				
		追求完美	5分	工作不认真 扣3分 工作效率差 扣2分				
	5S (10分)	场地、设备整洁干净	5分	仪器设备摆放不规范 扣3分 实验台面乱 扣2分				
		操作工作中试剂摆放	5分	共用试剂未放回原处 扣3分 实验室环境乱 扣2分				
	综合 能力 (5分)	阅读理 解能力	5分	未能在规定时间内描述任务名称及 要求 扣5分 超时或表达不完整 扣3分 其余不得分				
核心 技术 (40分)	阅读 任务 (10分)	快速、准确信息提取	6分	不能提取信息酌情 扣1~3分 小组讨论不发言 扣1分 理解不准确 扣3分				
		时间要求	4分	15min 内完成 得2分 每超过 3min 扣1分				
		质量要求	10分	作业项目完整正确 得5分 错项漏项一项 扣1分				
	填写任 务分析 报告 情况 (30分)	资料使用	8分	未使用参考资料 扣5分				
		项目完整	8分	缺一项 扣1分				
		用专业词填写	8分	整体用生活语填写 扣2分 错一项 扣0.5分				
工作页 完成 情况 (20分)	按时完 成工 作页 (20分)	按时提交	5分	未按时提交 扣5分				
		内容完成程度	5分	缺项酌情 扣1~5分				
		回答准确率	5分	视情况酌情 扣1~5分				
		字迹书面整洁	5分	视情况酌情 扣1~5分				
得 分								
综合得分(自评 20%,小组评价 30%,教师评价 50%)								
总 分								

本人签字： 组长签字： 教师评价签字：

请你根据以上打分情况,对本活动当中的工作和学习状态进行总体评述(从素养的自我提升方面、职业能力的提升方面进行评述,分析自己的不足之处,描述对不足之处的改进措施)。

教师指导意见：

学习活动二　制定方案

建议学时：8 学时

学习要求：通过水质硬度检测流程图的绘制以及试剂、仪器清单的编写，完成生活饮用水中总硬度测定方案的编制。 具体要求及学时安排见表 3-8。

表 3-8　工作步骤、要求及学时安排

序号	工作步骤	要　　求	建议学时	备注
1	填写检测流程表	在 45min 内完成，流程表符合项目要求	2 学时	
2	编制试剂使用清单	清单完整，符合检测需求	2 学时	
3	编制仪器使用清单	清单完整，符合检测需求	0.5 学时	
4	编制溶液制备清单	清单完整，符合检测需求	1 学时	
5	编制检测方案	在 90min 内完成编写，任务描述清晰，检验标准符合厂家要求，试剂、材料与流程表及检测标准对应	2 学时	
6	环节评价		0.5 学时	

解读标准

1. 本项目所采用标准的方法原理是什么？

2. 本标准的适用范围是什么？

3. 生活饮用水总硬度测定采用的国家标准的标准号是_____，本标准适用范围是_____，本法最低检测质量是_____，若取 50mL 水样测定，则最低检测质量浓度为_____。

4. 本法主要干扰元素有_____，能使指示剂褪色或终点不明显。

一、填写检测流程表

阅读标准，填写生活饮用水中硬度测定工作流程表（表 3-9），要求操作项目具体可执行。

表 3-9 工作流程表

序号	操作项目	序号	操作项目
1		7	
2		8	
3		9	
4		10	
5		11	
6			

二、编制试剂使用清单（表 3-10）

表 3-10 试剂使用清单

序号	试剂名称	分子式	试剂规格	用　途
1				
2				
3				

序号	试剂名称	分子式	试剂规格	用　　途
4				
5				
6				
7				

三、编制仪器使用清单（表 3-11）

表 3-11　仪器使用清单

序号	仪器名称	规格	数量	用　　途
1				
2				
3				
4				
5				
6				
7				
8				
9				
10				
11				

四、编制溶液制备清单（表 3-12）

表 3-12　溶液制备清单

序号	制备溶液名称	制备方法	制备量
1			
2			
3			
4			
5			

五、编制测定方案（表 3-13）

表 3-13　测定方案

方案名称：＿＿＿＿＿＿＿＿

一、任务目标及依据
（填写说明：概括说明本次任务要达到的目标及相关文件和技术资料）

二、工作内容安排
（填写说明：列出工作流程、工作要求、使用的仪器、试剂、人员及时间安排等）

序号	工作流程	仪器	试剂	人员安排	时间安排	工作要求

三、验收标准
（填写说明：本项目最终的验收相关项目的标准）

四、有关安全注意事项及防护措施等
（填写说明：对检测的安全注意事项及防护措施，废弃物处理等进行具体说明）

六、环节评价（表3-14）

表3-14 环节评价

评分项目			配分	评分细则	自评得分	小组评价	教师
素养（40分）	纪律情况（15分）	不迟到,不早退	5分	违反一次不得分			
		积极思考,回答问题	5分	根据上课统计情况得1~5分			
		三有一无(有本、笔、书,无手机)	5分	违反规定每项扣2分			
		执行教师命令	0分	此为否定项,违规酌情扣10~100分,违反校规按校规处理。			
	职业道德（5分）	与他人合作	2分	不符合要求不得分			
		追求完美	3分	对工作精益求精且效果明显得3分,对工作认真得2分,其余不得分			
	5S（7分）	场地、设备整洁干净	4分	合格得4分;不合格不得分			
		服装整洁,不佩戴饰物	3分	合格得3分;违反一项扣1分			
	职业能力（13分）	策划能力	5分	按方案策划逻辑性得1~5分			
		资料使用	3分	正确标准等资料得3分,错误不得分			
		创新能力	5分	项目分类、顺序有创新,视情况得1~5分			
检测方案（40分）	时间（3分）	时间要求	3分	按时完成得3分;超时10min扣1分			
	目标依据（5分）	目标清晰	3分	目标明确,可测量得1~3分			
		编写依据	2分	依据资料完整得2分;缺一项扣1分			
	检测流程（15分）	项目完整	7分	完整得7分;漏一项扣1分			
		顺序	8分	全部正确得8分;错一项扣1分			
	试剂设备清单（12分）	试剂清单	5分	完整、型号正确得5分;错项漏项一项扣1分			
		仪器清单	3分	数量型号正确得3分;错项漏项一项扣1分			
		溶液制备清单	4分	完整、准确得4分;错一项扣1分			
	检测方案（5分）	方案内容	5分	内容完整准确得5分;错、漏一项扣1分			
工作页完成情况（20分）	按时完成工作页（20分）	按时提交	5分	按时提交得5分;迟交不得分			
		完成程度	5分	按情况分别得1~5分			
		回答准确率	5分	视情况分别得1~5分			
		书面整洁	5分	视情况分别得1~5分			
总分							
综合得分(自评20%,小组评价30%,教师50%)							

教师评价签字：   组长签字：

请你根据以上打分情况,对本活动当中的工作和学习状态进行总体评述(从素养的自我提升方面、职业能力的提升方面进行评述,分析自己的不足之处,描述对不足之处的改进措施)。

教师指导意见：

学习活动三　检测样品

建议学时：24 学时

学习要求：通过水质酸度或碱度检测前的准备，能正确配制试剂溶液，符合浓度要求；规范使用玻璃仪器；进行方法验证，达到实验要求，进行样品检测，记录原始数据。具体要求及学时安排见表 3-15。

表 3-15　工作步骤、要求及学时安排

序号	工作步骤	要　　求	建议学时	备注
1	配制溶液	学会试剂溶液配制方法 掌握浓度计算及表示 明确 5S 管理	2 学时	
2	准备仪器	掌握玻璃仪器使用要求 规范操作玻璃仪器	1 学时	
3	方法验证	检测流程清晰 正确判断滴定终点 满足方法验证要求	8 学时	
4	样品处理	样品保存符合要求 处理方法判断正确	0.5 学时	
5	检测样品	在 70min 内提出出现的问题及处理方法，并列出合适的实验条件	12 学时	
6	环节评价		0.5 学时	

一、安全注意事项

请回忆一下，我们之前在实训室工作时，有哪些安全事项是需要我们特别注意的？现在我们要进入一个新的实训场地，请阅读《实验室安全管理办法》总结该任务需要注意的安全注意事项。

二、配制溶液

在制备溶液时，查阅资料，回答以下问题。

1. 氨水-氯化铵溶液在制备中应注意哪些问题？

2. EDTA 在制备溶液前需要进行怎样的处理？为什么？

3. 在制备溶液时，哪些溶液要提前制备？为什么要将溶液放置一段时间？

4. 容量瓶如何洗涤和使用？固体是怎样转移到容量瓶中？

5. 总结移液管的洗涤和使用。

6. EDTA 标准溶液的配制方法及注意事项。

7. EDTA 标准溶液标定方法是如何进行的？为什么要对 EDTA 标准溶液进行标定？

8. 填写试剂溶液确认单

按照检测方案，配制溶液，并填写试剂溶液确认单。

硬度检测试剂溶液清单（表 3-16）

表 3-16　试剂溶液清单

序号	试剂名称	浓度	试剂量	配制时间	配制人员	试剂确认

三、准备仪器

按照检测方案，确认仪器状况，并填写仪器确认单（表 3-17）。

表 3-17　仪器确认单

序号	仪器名称	规格	数量	仪器确认	备注

四、方法验证

进行硬度质控样检测，检测记录如下。（表 3-18）

表 3-18　检测记录

滴定次数	1	2	3
水样体积			
消耗滴定液的体积			
空白消耗体积			
水硬度			
水硬度平均值			
极差			
相对极差/%			
质控样硬度值			
测定误差/(mg/L)			
相对误差			

要求：硬度测定要求检测数值相对误差≤0.5%。

五、样品处理

1. 样品取样量是如何确定的，为什么？

2. 往样品中加指示剂时，应有哪些注意事项？

3. 如果水样不纯，杂质多时，对水样应该如何进行前处理？

4. 用铬黑 T 指示剂时，为什么要控制 pH ≈10？

5. 用 EDTA 滴定 Ca^{2+}、Mg^{2+} 时，为什么要加氨性缓冲溶液？

六、检测样品

1. 吸取 50.0mL 水样（若硬度过高，可取适量水样，用纯水稀至 50mL，若硬度过低，改取 100mL），置于 150mL 锥形瓶中。

2. 加入 1～2mL 缓冲溶液，5 滴铬黑 T 指示剂，立即用 Na_2EDTA 标准溶液滴定至溶液从紫红色成为不变的天蓝色为止，同时做空白试验，记下用量。

3. 若水样中含有金属干扰离子，使滴定终点延迟或颜色发暗，可另取水样，加入 0.5mL 盐酸羟胺及 1mL 硫化钠溶液或 0.5mL 氰化钾溶液再进行滴定。

4. 水样中钙、镁含量较大时，要预先酸化水样，并加热除去二氧化碳，以防碱化后生成碳酸盐沉淀，滴定时不易转化。

5. 水样中含悬浮性或胶体有机物可影响终点的观察。可预先将水样蒸干并于 550℃ 灰化，用纯水溶解残渣后再进行滴定。

七、填写原始数据记录表

硬度测定记录表（表 3-19）

表 3-19　硬度测定记录表

滴定次数	1	2	3
水样体积			
消耗滴定液的体积			
空白消耗体积			

八、教师考核表（表 3-20）

表 3-20　教师考核表

生活污水硬度测定工作流程评价表						
第一阶段　配制溶液（20分）						
序号	考核内容	考核标准	正确	错误	分值	得分
1	称量操作	检查电子天平水平			10分	
2		会校正电子天平				
3		带好称量手套				
4		称量纸放入电子天平操作正确				
5		会去皮操作				
6		称量操作规范				
7		多余试样不放回试样瓶中				
8		称量操作有条理性				
9		称量过程中及时记录实验数据				
10		称完后及时将样品放回原处				
11		将多余试样统一放好				
12		及时填写称量记录本				

续表

		生活污水硬度测定工作流程评价表				
13	溶液配制	溶解操作规范				10分
14		吸取上清液				
15		装瓶规范,标签规范				
16		移液管使用规范				
17		容量瓶选择、使用规范				
18		酸溶液转移规范				
		第二阶段　准备仪器(5分)				
19	准备仪器	仪器规格选择正确				5分
20		仪器洗涤符合规范				
21		仪器摆放符合实验室要求				
		第三阶段　样品处理(5分)				
22	样品处理	样品保存符合要求				5分
23		样品干扰消除方法正确				
		第四阶段　方法验证　实施检测(30分)				
24	滴定操作	指示剂选择正确、操作规范				30分
25		滴定管位置放置合理				
26		滴定姿势规范				
27		滴定速度合理				
28		摇瓶速度合理				
29		半滴操作规范				
30		终点观测正确				
31		体积读数规范				
32		滴定管自然垂直				
33		补加溶液规范				
34		管尖残液处理规范				
35		检测现场符合"5S"要求				
		第五阶段 实验数据记录(20分)				
36	数据记录	数据记录真实准确完整				20分
37		数据修正符合要求				
38		数据记录表整洁				
		生活饮用水硬度测定			80分	

综合评价项目		详细说明	分值	得分
1	基本操作规范性	动作规范准确得3分	3分	
		动作比较规范,有个别失误得2分		
		动作较生硬,有较多失误得1分		
2	熟练程度	操作非常熟练得5分	5分	
		操作较熟练得3分		
		操作生疏得1分		
3	分析检测用时	按要求时间内完成得3分	3分	
		未按要求时间内完成得2分		
4	实验室5S	试验台符合5S得2分	2分	
		试验台不符合5S得1分		
5	礼貌	对待考官礼貌得2分	2分	
		欠缺礼貌得1分		
6	工作过程安全性	非常注意安全得5分	5分	
		有事故隐患得1分		
		发生事故得0分		
综合评价项目分值小计			20分	
总成绩分值合计			100分	

九、环节评价（表 3-21）

表 3-21　环节评价

评分项目			配分	评分细则	自评得分	小组评价	教师评价
素养（40 分）	纪律情况（15 分）	不迟到,不早退	5 分	违反一次不得分			
		积极思考,回答问题	5 分	根据上课统计情况得 1～5 分			
		三有一无(有本、笔、书,无手机)	5 分	违反规定每项扣 2 分			
		执行教师命令	0 分	此为否定项,违规酌情扣 10～100分,违反校规按校规处理			
	职业道德（5 分）	与他人合作	2 分	不符合要求不得分			
		追求完美	3 分	对工作精益求精且效果明显得 3 分,对工作认真得 2 分,其余不得分			
	5S（7 分）	场地、设备整洁干净	4 分	合格得 4 分;不合格不得分			
		服装整洁,不佩戴饰物	3 分	合格得 3 分;违反一项扣 1 分			
	职业能力（13 分）	策划能力	5 分	按方案策划逻辑性得 1～5 分			
		资料使用	3 分	正确标准等资料得 3 分,错误不得分			
		创新能力	5 分	项目分类、顺序有创新,视情况得 1～5 分			
核心能力（40 分）	操作技能		教师考核得分×0.4	考核明细			
工作页完成情况（20 分）	按时完成工作页（20 分）	按时提交	5 分	按时提交得 5 分;迟交不得分			
		完成程度	5 分	按情况分别得 1～5 分			
		回答准确率	5 分	视情况分别得 1～5 分			
		书面整洁	5 分	视情况分别得 1～5 分			
总分							
综合得分(自评 20％,小组评价 30％,教师评价 50％)							

教师评价签字:	组长签字:

请你根据以上打分情况,对本活动当中的工作和学习状态进行总体评述(从素养的自我提升方面、职业能力的提升方面进行评述,分析自己的不足之处,描述对不足之处的改进措施)。

教师指导意见:

学习活动四　验收交付

建议学时：6 学时

学习要求：查阅国标及相关资料，明确酸碱度测定数据要求，严格按照标准要求对数据进行评价。具体要求见表 3-22。

表 3-22　工作步骤、要求及学时安排

序号	工作步骤	要　　求	学时	备注
1	编制质量分析报告	分析数据，判断测定结果的准确性 依据质控结果，判断测定结果可靠性 分析测定中存在的问题和操作要点	3 学时	
2	编制检测报告	依据规范出具检测报告	3 学时	

一、编制质量分析报告

1. 数据分析

硬度测定分析（表 3-23）

表 3-23　硬度测定分析　　　　　　　　　　　　　　液温_____℃

硬度计算公式	硬度$(CaCO_3, mg/L) = \dfrac{(V_1 - V_0) \times c \times 100.09 \times 1000}{V}$	
水样平均硬度$(CaCO_3)/(mg/L)$		
测定结果的极差		
测定结果相对极差		
极差和相对极差计算公式	极差＝ 相对极差＝	

2. 结果判断：硬度测定数据判断（表 3-24）

表 3-24　硬度测定数据判断

一、查阅标准,根据标准要求判断测定结果的准确性
1. 标准中规定：当测定结果自平行≤0.5％,满足准确性要求 　　　　　　　当测定结果自平行＞0.5％,不满足准确性要求
2. 实验过程中测定出的相对极差为：样品 1 _____　　样品 2 _____　　样品 3 _____
3. 判断：测定结果分析　符合准确性要求　是□ 否□
思考 1：若不能满足自平行要求时,请对其原因进行分析。 （提示：个人不能判断时,可进行小组讨论）
思考 2：相对极差满足自平行要求后,但与质控样比较,相对误差不满足,是否能够出具报告了? （提示：个人不能判断时,可进行小组讨论）
4. 结论： 由于样品 1 测定结果分析_____（符合或不符合）自平行要求,说明_____； 由于样品 2 测定结果分析_____（符合或不符合）自平行要求,说明_____； 由于样品 3 测定结果分析_____（符合或不符合）自平行要求,说明_____。

二、依据质控结果,判断测定结果可靠性

1. 测定结果可靠性对比表

内　容	甲基橙酸度测定值	酚酞酸度(总酸度)测定值
质控样测定值		
质控样真实值		
质控样测定结果的绝对极差		

2. 判断:质控样品测定结果分析　符合可靠性要求:是□ 否□

3. 结论:
由于质控样品测定结果_____(符合或不符合)可靠性要求,说明_____。

三、分析测定中存在的问题和操作要点

3. 编写质量分析报告（表 3-25）

表 3-25　质量分析报告

序号	分析项目	数值	是否符合出具报告要求	
			是	否
1	自平性相对极差			
2	质控相对误差			
3	综合判断,数据是否可用			

硬度测定质量分析报告

二、编制生活饮用水硬度测定报告（表 3-26）

出具报告要求：

1. 无遗漏项,无涂改,字体填写规范,报告整洁;

2. 检测数据分析结果仅对送检样品负责。

表 3-26　　**北京市工业技师学院**
　　　　　　分析测试中心

检　测　报　告　书

检品名称＿＿＿＿＿＿＿＿＿＿＿＿＿＿

被检单位＿＿＿＿＿＿＿＿＿＿＿＿＿＿

报告日期　　年　　月　　日

检 测 报 告 书 首 页

北京市工业技师学院分析测试中心

字（20　年）第　　号

检品名称_____检测类别　委托（送样）_____

被检单位_____检品编号_____

生产厂家_____检测目的_____生产日期_____

检品数量_____包装情况_____采样日期_____

采样地点_____检品性状_____送检日期_____

检测项目_____

检测依据：

评价标准：

本栏目以下无内容

检测环境条件：_____温度：_____相对湿度：_____气压：_____

主要检测仪器设备：

名称_____编号_____型号_____

名称_____编号_____型号_____

报告编制：　　　　　　校　对：　　　　　　　签　发：　　　　　　　　　盖　章

年　　月　　日

报告书包括封面、首页、正文（附页）、封底，并盖有计量认证章、检测章和骑缝章。

检 测 报 告 书

项目名称	参考值	测定值	判定

报告书包括封面、首页、正文（附页）、封底，并盖有计量认证章、检测章和骑缝章。

结论及评价：

本栏目以下无内容

三、环节评价（表 3-27）

表 3-27　环节评价

评分项目			配分	评分细则	自评得分	小组评价	教师评价
素养 (40分)	纪律 情况 (15分)	不迟到,不早退	5分	违反一次不得分			
		积极思考,回答问题	5分	根据上课统计情况得1～5分			
		三有一无(有本、笔、书,无手机)	5分	违反规定每项扣2分			
		执行教师命令	0分	此为否定项,违规酌情扣10～100分,违反校规按校规处理			
	职业道 德(8分)	与他人合作	3分	不符合要求不得分			
		发现问题	5分	按照发现问题得1～5分			
	5S (7分)	场地、设备整洁干净	4分	合格得4分;不合格不得分			
		服装整洁,不佩戴饰物	3分	合格得3分;违反一项扣1分			
	职业能 力(10分)	质量意识	5分	按检验细心程度得1～5分			
		沟通能力	5分	发现问题良好沟通得1～5分			
核心 技术 (40分)	编制质 量分析 报告 (20分)	完整正确	5分	全部正确得5分;错一项扣1分			
		时间要求	5分	15min内完成得5分;每超过3min扣1分			
		数据分析	5分	正确完整得5分;错项漏项一项扣1分			
		结果判断	5分	判断正确得5分			
	编制检 测报告 (20分)	要素完整	15分	按照要求得1～15分,错项漏项一项扣1分			
		时间要求	5分	15min内完成得5分每超过3min扣1分			
工作页 完成 情况 (20分)	按时完 成工 作页 (20分)	按时提交	5分	按时提交得5分,迟交不得分			
		完成程度	5分	按情况分别得1～5分			
		回答准确率	5分	视情况分别得1～5分			
		书面整洁	5分	视情况分别得1～5分			
总分							
综合得分(自评20%,小组评价30%,教师评价50%)							
教师评价签字:				组长签字:			

请你根据以上打分情况,对本活动当中的工作和学习状态进行总体评述(从素养的自我提升方面、职业能力的提升方面进行评述,分析自己的不足之处,描述对不足之处的改进措施)。

教师指导意见:

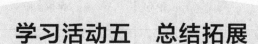

学习活动五　总结拓展

建议学时：6 学时

学习要求：通过本活动总结本项目的作业规范和核心技术，并通过同类项目练习进行强化。具体要求见表 3-28。

表 3-28　工作步骤、要求及学时安排

序号	工作步骤	要　　求	学时	备注
1	撰写生活饮用水硬度测定技术总结报告	能在 60min 内完成总结报告撰写，要求提炼问题有价值，针对问题的改进措施有效	3 学时	
2	编制出锅炉循环水中钙含量的测定方案	在 60min 内按照要求完成锅炉循环水中钙含量测定方案的编写，内容符合国家标准要求	3 学时	

一、撰写技术总结报告（表 3-29）

　　要求：（1）语言精练，无错别字。

　　　　　（2）编写内容主要包括：学习内容、体会、学习中的优缺点及改进措施。

　　　　　（3）字数 500 字左右。

表 3-29　技术总结报告

＿＿＿＿＿＿＿＿＿＿项目总结
一、回顾检测过程（包括实验原理、仪器、试剂、检测流程等内容）
二、在检测过程中遇到哪些问题？你是如何解决的？
三、你认为本项目的关键技术有哪些？
四、完成本项目，你有哪些个人体会？

二、编制锅炉循环水中钙含量测定方案

查阅标准，编制锅炉循环水中钙含量测定方案（表 3-30）

表 3-30　测定方案

方案名称：＿＿＿＿＿＿＿＿

一、任务目标及依据

（填写说明：概括说明本次任务要达到的目标及相关文件和技术资料）

二、工作内容安排

（填写说明：列出工作流程、工作要求、工量具材料、人员及时间安排等）

序号	工作流程	仪器	试剂	人员安排	时间安排	工作要求

三、验收标准

（填写说明：本项目最终的验收相关项目的标准）

四、有关安全注意事项及防护措施等

（填写说明：对测定的安全注意事项及防护措施，废弃物处理等进行具体说明）

三、环节评价（表 3-31）

表 3-31　环节评价

评分项目			配分	评分细则	自评得分	小组评价	教师评价
素养（40 分）	纪律情况（15 分）	不迟到,不早退	5 分	违反一次不得分			
		积极思考、回答问题	5 分	根据上课统计情况得 1~5 分			
		有书、本、笔,无手机	5 分	违反规定每项扣 2 分			
		执行教师命令	0 分	此为否定项,违规酌情扣 10~100 分,违反校规按校规处理。			
	职业道德（8 分）	与他人合作	3 分	不符合要求不得分			
		认真钻研	5 分	按认真程度得 1~5 分			
	5S（7 分）	场地、设备整洁干净	4 分	合格得 4 分;不合格不得分			
		服装整洁,不佩戴饰物	3 分	合格得 3 分;违反一项扣 1 分			
	职业能力（10 分）	总结能力	5 分	视总结清晰流畅,问题清晰措施到位情况得 1~5 分			
		沟通能力	5 分	总结汇报良好沟通得 1~5 分			
核心技术（40 分）	撰写技术总结（20 分）	语言表达	3 分	视流畅通顺情况得 1~3 分			
		问题分析	10 分	视准确具体情况得 10 分,依次递减			
		报告完整	4 分	认真填写报告内容,齐全得 4 分			
		时间要求	3 分	在 60min 内完成总结得 3 分;超过 5min 扣 1 分			
	编写地下水水质酸碱度检测方案（20 分）	资料使用	2 分	正确查阅维修手册得 2 分;错误不得分			
		检测项目完整	5 分	完整得 5 分;错项漏项一项扣 1 分			
		流程	5 分	流程正确得 5 分;错一项扣 1 分			
		标准	3 分	标准查阅正确完整得 3 分;错项漏项一项扣 1 分			
		仪器、试剂	3 分	完整正确得 3 分;错项漏项一项扣 1 分			
		安全注意事项及防护	2 分	完整正确,措施有效得 2 分;错项漏项一项扣 1 分			
工作页完成情况（20 分）	按时完成工作页（20 分）	按时提交	5 分	按时提交得 5 分,迟交不得分			
		完成程度	5 分	按情况分别得 1~5 分			
		回答准确率	5 分	视情况分别得 1~5 分			
		书面整洁	5 分	视情况分别得 1~5 分			
总分							
综合得分(自评 20%,小组评价 30%,教师评价 50%)							

教师评价签字:　　　　　　　　　　　　　组长签字:

请你根据以上打分情况,对本活动当中的工作和学习状态进行总体评述(从素养的自我提升方面、职业能力的提升方面进行评述,分析自己的不足之处,描述对不足之处的改进措施)。

教师指导意见:

四、项目总体评价 （ 表 3-32 ）

表 3-32　项目总体评价

项次	项目内容	权重	综合得分(各活动加权平均分×权重)	备注
1	接受任务	10%		
2	制定方案	25%		
3	实施检测	30%		
4	验收交付	20%		
5	总结拓展	15%		
6	合计			
7	本项目合格与否		教师签字：	

　　请你根据以上打分情况，对本项目当中的工作和学习状态进行总体评述(从素养的自我提升方面、职业能力的提升方面进行评述,分析自己的不足之处,描述对不足之处的改进措施)。

教师指导意见：

学习任务四
工业循环冷却水中氯离子测定

任务书

一、任务情景描述

盐酸和含氯离子的盐类（如氯化钠）是各工业企业生产中的常用原料，尤其是化工合成、制药、印染、机械加工、冶金、单晶硅、食品等行业，由于使用了大量含氯元素原料，其排放的废水中通常含有高浓度的氯离子。这些废水中所含有的大量氯离子如果不进行有效去除，排入水体，则会对人体健康、土壤、生态环境造成严重而持久的危害。许多新近实施的地方标准中都规定了相应的氯离子浓度排放限值，以限制氯离子的排放浓度。然而，由于目前含氯废水处理（氯离子去除）技术尚不成熟，因此这些标准的实施将导致上述行业中各工业企业的废水无法达标排放，迫使这些企业停产或转产。同时，过高的氯离子浓度会导致工艺和处理设备严重腐蚀，而当其含量过高时，则会造成有机废水的生物处理技术难以应用，进而造成废水处理成本过高，增加企业成本。

北京市工业技师学院委托环保系环境保护与检测专业中级工进行氯离子测定，要求对本院锅炉用水中氯离子进行测定，并出具检测报告。

二、学习活动及课时分配表（表4-1）

表 4-1　学习活动及课时分配表

活 动 序 号	学 习 活 动	学 时 安 排	备　注
1	接受任务	4 学时	
2	制定方案	8 学时	
3	检测样品	24 学时	
4	验收交付	6 学时	
5	总结拓展	6 学时	
合　计		48 学时	

学习活动一 接受任务

建议学时：4学时

学习要求：通过本活动明确本项目的任务和要求，学习《水质理化指标检测》中氯离子测定的项目明细。 具体要求见表4-2。

表 4-2 工作步骤及要求

序号	工作步骤	要 求	时间	备注
1	识读任务单	(1) 5min内读完任务单 (2) 5min内找出关键词，清楚工作任务 (3) 5min内说清楚参照标准 (4) 5min说清楚完成此工作的要求	0.5课时	
2	确定检测方法和仪器	(1) 15min内明确氯离子指标的测定意义和表示方法 (2) 15min内清楚氯离子测定的方法有几种 (3) 15min内清楚几种测定方法的适用对象（或范围）	1课时	
3	编制任务分析报告	完成任务分析报告中的项目名称及意义、样品性状、指标及其含义、检测依据、完成时间等项目的填写，并进行交流	2课时	
4	环节评价		0.5课时	

一、识读任务单（表 4-3）

表 4-3　QRD-1101 样品检测委托单

委托单位基本情况					
单位名称	北京市工业技师学院				
单位地址	北京市朝阳区化工路 51 号				
联系人	孙～～	固定电话	67387521	手机	138013＊＊＊＊

样品情况					
委托样品	□水样√　□泥样　　　□气体样品				
参照标准	GB/T 15453—2008				
样品数量	12 个	采样容器	塑料桶装瓶	样品量	各 2 升
样品状态	□浊　　　□较浊　　　□较清洁　　□清洁√ □黑色　　□灰色　　　□其他颜色				

检测项目

常规检测项目

□液温	□pH	□悬浮物	□化学需氧量	□总磷	□氨氮
□动植物油	□矿物油	□色度	□生物需氧量	□溶解性固体	□氯化物√
□浊度	□总氮	□溶解氧	□总铬	□六价铬	□余氯
□总大肠杆菌	□粪大肠杆菌	□细菌总数	□表面活性剂		

金属离子检测项目

□总铜	□总锌	□总铅	□总镉	□总铁	□总汞
□总砷	□总锰	□总镍			

其他检测项目

□钙	□镁	□总钠	□钾	□硒	□锑
□硼	□酸度	□碱度	□硬度	□甲醛	□苯胺
□硫酸盐	□挥发酚	□氰化物	□总固体	□氟化物	□硝基苯
□硫化物	□硝酸盐氮	□亚硝酸盐氮	□高锰酸盐指数		
□污泥含水率	□灰分	□挥发分	□污泥浓度		

备　注			
样品存放条件	√室温\避光\冷藏(4℃)	样品处置	□退回　□处置(自由处置)
样品存放时间	可在室温下保存 7 天		
出报告时间	□正常(十五天之内)　□加急(七天之内)√		

1．从阅读任务单，填写下列信息

（1）委托检测单位＿＿＿＿＿＿＿＿＿＿＿＿＿＿＿＿＿＿＿＿＿＿＿＿＿＿＿＿＿＿

（2）委托人＿＿＿＿＿＿＿＿＿＿＿＿＿＿＿＿＿＿＿＿＿＿＿＿＿＿＿＿＿＿＿＿＿＿

（3）委托样品_____；数量_____；包装为_____；单个样品量_____。

（4）还有哪些总结的信息_____

2. 请你寻找核心词用一句话说明工作任务：

_____

3. 查阅资料，确定本检测参照标准是（ ）。

A. GB/T 15453—2008

B. HZ—HJ—SZ0129

C. DZ/T 0064.43—2008

D. GB 9736—2008

二、确定检测方法和仪器

1. 查阅水质检测标准或《水与废水监测分析方法 第四版》，解读任务内涵，回答下列问题（表 4-4）

表 4-4 回答问题

序号	可选用方法	主要仪器	测定原理	适用范围

2. 标准中摩尔法和电位滴定法都属于容量分析，那么分别是如何确定滴定终点的呢？请阅读标准，填写表 4-5。

表 4-5 终点判断方法

序号	方法	终点判断方法	备注

3. 查阅资料，回答下列问题。

（1）水质中氯离子含量过高可能有哪些危害？

_____

（2）表示方式：氯离子含量＝_____
公式中各项的意义_____

_____

4. 查阅资料，如何解决水质氯化物浓度过高的问题。

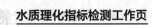
三、编制任务分析报告（表 4-6）

表 4-6　任务分析报告

任务分析报告

一、基本信息

序号	项　目	名称	备注
1	委托任务的单位		
2	项目联系人		
3	委托样品		
4	检验参照标准		
5	委托样品信息		
6	检测项目		
7	样品存放条件		
8	样品处置		
9	样品存放时间		
10	出具报告时间		
11	出具报告地点		

二、方法选择

序号	可选用方法	主要仪器

选定的方法为＿＿＿＿＿＿＿＿＿＿＿＿＿＿＿，原因如下：

四、环节评价（表4-7）

表 4-7　环节评价

评分项目		配分	评分细则		自评得分	小组评价	教师评价
素养（36分）	纪律情况（15分）	不迟到、不早退	5分	违反一次不得分				
		积极思考回答问题	5分	不积极思考回答问题　扣1～5分				
		学习用品准备齐全	5分	违反规定每项　　　　　扣2分				
		执行教师命令	0分	不听从教师管理酌情　扣10～100分 违反校规校纪处理　　　扣100分				
	职业道德（10分）	能与他人合作	2分	不能按要求与他人合作　扣3分				
		追求完美	4分	工作不认真　　　　　　扣2分 工作效率差　　　　　　扣2分				
	5S（10分）	场地、设备整洁干净	5分	仪器设备摆放不规范　　扣3分 实验台面乱　　　　　　扣2分				
		操作工作中试剂摆放	5分	共用试剂未放回原处　　扣3分 实验室环境乱　　　　　扣2分				
	综合能力（5分）	阅读理解能力	5分	未能在规定时间内描述任务名称及要求　　　　　　　　　扣5分 超时或表达不完整　　　扣3分 其余不得分				
核心技术（44分）	阅读任务（20分）	快速、准确信息提取	6分	不能提取信息酌情　扣1～3分 小组讨论不发言　　　　扣1分 理解不准确　　　　　　扣3分				
		时间要求	4分	15min内完成　　　　　得2分 每超过3min　　　　　扣1分				
		质量要求	10分	作业项目完整正确　　　得5分 错项漏项一项　　　　　扣1分				
	填写任务分析报告情况（24分）	资料使用	8分	未使用参考资料　　　　扣5分				
		项目完整	8分	缺一项　　　　　　　　扣1分				
		用专业词填写	8分	整体用生活语填写　　　扣2分 错一项　　　　　　　扣0.5分				
工作页完成情况（20分）	按时完成工作页（20分）	按时提交	5分	未按时提交　　　　　　扣5分				
		内容完成程度	5分	缺项酌情　　　　　扣1～5分				
		回答准确率	5分	视情况酌情　　　　扣1～5分				
		字迹书面整洁	5分	视情况酌情　　　　扣1～5分				
得　分							
综合得分(自评20％,小组评价30％,教师评价50％)							
总　分							

本人签字：　　　　　　　组长签字：　　　　　　　教师评价签字：

请你根据以上打分情况,对本活动当中的工作和学习状态进行总体评述(从素养的自我提升方面、职业能力的提升方面进行评述,分析自己的不足之处,描述对不足之处的改进措施)。

教师指导意见：

学习活动二　制定方案

建议学时：8 课时

学习要求：通过水质氯化物测定流程图的绘制以及试剂、仪器清单的编写，完成锅炉用水中氯离子测定方案的编制。具体要求及学时安排见表 4-8。

表 4-8　工作步骤、要求及学时安排

序号	工作步骤	要　　求	建议学时	备注
1	填写检测流程表	在 45min 内完成，流程表符合项目要求	2 学时	
2	编制试剂使用清单	清单完整，符合检测需求	2 学时	
3	编制仪器使用清单	清单完整，符合检测需求	0.5 学时	
4	编制溶液制备清单	清单完整，符合检测需求	1 学时	
5	编制检测方案	在 90min 内完成编写，任务描述清晰，检验标准符合厂家要求，试剂、材料与流程表及检测标准对应	2 学时	
6	环节评价		0.5 学时	

解读标准

1. 本项目所采用标准的方法原理是什么？

2. 本标准有哪些测定方法？分别适用于哪些水质？

一、填写检测流程表

阅读标准，填写水质氯化物测定流程表，要求操作项目具体可执行（表4-9）。

表4-9 测定流程表

序号	操作项目	序号	操作项目
1		7	
2		8	
3		9	
4		10	
5		11	
6			

二、编制试剂使用清单（表4-10）

表4-10 试剂使用清单

序号	试剂名称	分子式	试剂规格	用　途
1				
2				
3				
4				
5				
6				
7				

三、编制仪器使用清单（表 4-11）

表 4-11　仪器使用清单

序号	仪器名称	规　格	数量	用　　途
1				
2				
3				
4				
5				
6				
7				
8				
9				
10				
11				

四、编制溶液制备清单（表 4-12）

表 4-12　溶液制备清单

序号	制备溶液名称	制备方法	制备量
1			
2			
3			
4			
5			
6			

五、编制检测方案 （ 表 4-13 ）

表 4-13　检测方案

方案名称：_____

一、任务目标及依据
（填写说明：概括说明本次任务要达到的目标及相关文件和技术资料）

二、工作内容安排
（填写说明：列出工作流程、工作要求、使用的仪器、试剂、人员及时间安排等）

序号	工作流程	仪器	试剂	人员安排	时间安排	工作要求

三、验收标准
（填写说明：本项目最终的验收相关项目的标准）

四、有关安全注意事项及防护措施等
（填写说明：对检测的安全注意事项及防护措施，废弃物处理等进行具体说明）

六、环节评价（表 4-14）

表 4-14　环节评价

评分项目			配分	评分细则	自评得分	小组评价	教师评价
素养（40分）	纪律情况（15分）	不迟到,不早退	5分	违反一次不得分			
		积极思考,回答问题	5分	根据上课统计情况得1~5分			
		三有一无(有本、笔、书,无手机)	5分	违反规定每项扣2分			
		执行教师命令	0分	此为否定项,违规酌情扣10~100分,违反校规按校规处理			
	职业道德（5分）	与他人合作	2分	不符合要求不得分			
		追求完美	3分	对工作精益求精效果明显得3分,对工作认真得2分,其余不得分			
	5S（7分）	场地、设备整洁干净	4分	合格得4分;不合格不得分			
		服装整洁,不佩戴饰物	3分	合格得3分;违反一项扣1分			
	职业能力（13分）	策划能力	5分	按方案策划逻辑性得1~5分			
		资料使用	3分	正确标准等资料得3分,错误不得分			
		创新能力	5分	项目分类、顺序有创新,视情况得1~5分			
检测方案（40分）	时间（3分）	时间要求	3分	按时完成得3分;超时10min扣1分			
	目标依据（5分）	目标清晰	3分	目标明确,可测量得1~3分			
		编写依据	2分	依据资料完整得2分,缺一项扣1分			
	检测流程（15分）	项目完整	7分	完整得7分;漏一项扣1分			
		顺序	8分	全部正确得8分;错一项扣1分			
	试剂设备清单（12分）	试剂清单	5分	完整、型号正确得5分;错项漏项一项扣1分			
		仪器清单	3分	数量型号正确得3分;错项漏项一项扣1分			
		溶液制备清单	4分	完整、准确得4分;错一项扣1分			
	检测方案（5分）	方案内容	5分	内容完整准确得5分;错、漏一项扣1分			
工作页完成情况（20分）	按时完成工作页（20分）	按时提交	5分	按时提交得5分;迟交不得分			
		完成程度	5分	按情况分别得1~5分			
		回答准确率	5分	视情况分别得1~5分			
		书面整洁	5分	视情况分别得1~5分			
总分							
综合得分(自评20%,小组评价30%,教师评价50%)							

教师评价签字：　　　　　　　　　　　　　　　　　　　　组长签字：

请你根据以上打分情况,对本活动当中的工作和学习状态进行总体评述(从素养的自我提升方面、职业能力的提升方面进行评述,分析自己的不足之处,描述对不足之处的改进措施)。

教师指导意见：

学习活动三 检测样品

建议学时: 24 学时

学习要求: 通过水质氯化物测定前的准备, 能正确配制试剂溶液, 符合浓度要求; 规范使用玻璃仪器; 进行方法验证, 达到实验要求, 进行样品检测, 记录原始数据。 具体要求及学时安排见表 4-15。

表 4-15 工作步骤、要求及学时安排

序号	工作步骤	要 求	建议学时	备 注
1	配制溶液	学会试剂溶液配制方法 掌握浓度计算及表示 明确 5S 管理	2 学时	
2	准备仪器	掌握玻璃仪器使用要求 规范操作玻璃仪器	1 学时	
3	方法验证	检测流程清晰 正确判断滴定终点 满足方法验证要求	8 学时	
4	样品处理	样品保存符合要求 处理方法判断正确	0.5 学时	
5	检测样品	在 70min 内提出出现的问题及处理方法, 并列出合适的实验条件	12 学时	
6	环节评价		0.5 学时	

一、安全注意事项

请回忆一下，我们之前在实训室工作时，有哪些安全事项是需要我们特别注意的？现在我们要进入一个新的实训场地，请阅读《实验室安全管理办法》，总结该任务需要注意的安全注意事项。

二、配制溶液

1. 标准规定应使用分析纯试剂和符合 GB/T 6682 中三级水的规定。GB/T 6682 中规定的三级水有哪些指标要求？分别是如何要求的？

2. 标准指明试剂制备应参考什么标准？其中规定硝酸溶液、氢氧化钠溶液是如何配制的？

3. 填写试剂溶液确认单

按照检测方案配制溶液，并填写试剂溶液确认单。

氯离子检测试剂溶液清单（表 4-16）

表 4-16 试剂溶液清单

序号	试剂名称	浓度	试剂量	配制时间	配制人员	试剂确认

三、准备仪器

按照检测方案，确认仪器状况，并填写仪器确认单（表 4-17）。

表 4-17　仪器确认单

序号	仪器名称	规格	数量	仪器确认	备注

四、方法验证

进行氯化物质控样检测，检测记录见表 4-18。

表 4-18　检测记录　　　　　　　　温度_____℃

内容 \ 测定		测定次数		
		1	2	3
水样体积/mL				
消耗滴定溶液	消耗滴定剂体积/mL			
	校正后消耗体积/mL			
滴定剂溶液的浓度/(mol/L)				
氯离子浓度/(mg/L)				
平均浓度/(mg/L)				
测定结果的极差				
相对极差				
质控样氯化物浓度				
测定误差/(mg/L)				
相对误差				

要求：氯化物浓度要求检测数值相对误差≤0.5%。

五、样品处理

1. 如何进行样品处理？

_____

_____

_____

2. 标准规定"移取适量体积的水样"，如何确定适量体积？

_____

_____

3. 调节溶液酸碱性时，如果加入盐酸调节，可以吗？为什么？

_____

六、检测样品

（1）吸收适量体积水样于 250mL 锥形瓶中，加入 2 滴酚酞指示剂，用 NaOH 和 HNO_3 溶液调节水样的 pH 值，使酚酞由红色刚变为无色。再加入 K_2CrO_4 溶液 1mL，用 $AgNO_3$ 标准溶液滴至出现淡红色，记下消耗的 $AgNO_3$ 标准溶液的体积 V_1（mL）。

（2）用蒸馏水取代水样，按上述相同步骤做空白试验，所消耗的 $AgNO_3$ 标准溶液的体积 V_0（mL）。

七、填写原始数据记录表（表 4-19）

表 4-19　原始数据记录表

内容 / 测定		测定次数			质控样
		1	2	3	
水样体积/mL					
消耗滴定溶液	消耗滴定剂体积/mL				
	校正后消耗体积/mL				
滴定剂溶液的浓度/(mol/L)					
氯离子浓度/(mg/L)					
平均浓度/(mg/L)					
测定结果的极差					
相对极差					

八、教师考核表（表 4-20）

表 4-20　教师考核表

工业循环冷却水中氯离子测定工作流程评价表						
第一阶段　配制溶液（20分）						
序号	考核内容	考核标准	正确	错误	分值	得分
1	称量操作	检查电子天平水平			10分	
2		会校正电子天平				
3		带好称量手套				
4		称量纸放入电子天平操作正确				
5		会去皮操作				
6		称量操作规范				
7		多余试样不放回试样瓶中				
8		称量操作有条理性				
9		称量过程中及时记录实验数据				
10		称完后及时将样品放回原处				
11		将多余试样统一放好				
12		及时填写称量记录本				
13	溶液配制	溶解操作规范			10分	
14		吸取上清液				
15		装瓶规范，标签规范				
16		移液管使用规范				
17		容量瓶选择、使用规范				
18		酸溶液转移规范				

续表

工业循环冷却水中氯离子测定工作流程评价表					
第二阶段　准备仪器(5分)					
19	准备仪器	仪器规格选择正确			5分
20		仪器洗涤符合规范			
21		仪器摆放符合实验室要求			
第三阶段　样品处理(5分)					
22	样品处理	样品保存符合要求			5分
23		样品干扰消除方法正确			
第四阶段　方法验证　实施检测(30分)					
24	滴定操作	指示剂选择正确、操作规范			30分
25		滴定管位置放置合理			
26		滴定姿势规范			
27		滴定速度合理			
28		摇瓶速度合理			
29		半滴操作规范			
30		终点观测正确			
31		体积读数规范			
32		滴定管自然垂直			
33		补加溶液规范			
34		管尖残液处理规范			
35		检测现场符合"5S"要求			
第五阶段　实验数据记录(20分)					
36	数据记录	数据记录真实准确完整			20分
37		数据修正符合要求			
38		数据记录表整洁			
工业循环冷却水中氯离子测定				80分	

综合评价项目		详细说明	分值	得分
1	基本操作规范性	动作规范准确得3分	3分	
		动作比较规范,有个别失误得2分		
		动作较生硬,有较多失误得1分		
2	熟练程度	操作非常熟练得5分	5分	
		操作较熟练得3分		
		操作生疏得1分		
3	分析检测用时	按要求时间内完成得3分	3分	
		未按要求时间内完成得2分		
4	实验室5S	试验台符合5S得2分	2分	
		试验台不符合5S得1分		
5	礼貌	对待考官礼貌得2分	2分	
		欠缺礼貌得1分		
6	工作过程安全性	非常注意安全得5分	5分	
		有事故隐患得1分		
		发生事故得0分		
综合评价项目分值小计			20分	
总成绩分值合计			100分	

九、环节评价（表 4-21）

表 4-21 环节评价

评分项目			配分	评分细则	自评得分	小组评价	教师评价
素养 (40分)	纪律情况 (15分)	不迟到，不早退	5分	违反一次不得分			
		积极思考，回答问题	5分	根据上课统计情况得1~5分			
		三有一无(有本、笔、书，无手机)	5分	违反规定每项扣2分			
		执行教师命令	0分	此为否定项，违规酌情扣10~100分，违反校规按校规处理			
	职业道德 (5分)	与他人合作	2分	不符合要求不得分			
		追求完美	3分	对工作精益求精且效果明显得3分，对工作认真得2分，其余不得分			
	5S (7分)	场地、设备整洁干净	4分	合格得4分；不合格不得分			
		服装整洁，不佩戴饰物	3分	合格得3分；违反一项扣1分			
	职业能力 (13分)	策划能力	5分	按方案策划逻辑性得1~5分			
		资料使用	3分	正确标准等资料得3分，错误不得分			
		创新能力	5分	项目分类、顺序有创新，视情况得1~5分			
核心能力 (40分)	操作技能		教师考核得分×0.4	考核明细			
工作页完成情况 (20分)	按时完成工作页 (20分)	按时提交	5分	按时提交得5分，迟交不得分			
		完成程度	5分	按情况分别得1~5分			
		回答准确率	5分	视情况分别得1~5分			
		书面整洁	5分	视情况分别得1~5分			
总分							
综合得分(自评20%，小组评价30%，教师评价50%)							

教师评价签字：　　　　　　　　　　　　　　组长签字：

请你根据以上打分情况，对本活动当中的工作和学习状态进行总体评述(从素养的自我提升方面、职业能力的提升方面进行评述，分析自己的不足之处，描述对不足之处的改进措施)。

教师指导意见：

学习活动四　验收交付

建议学时：6 学时

学习要求：查阅国标及相关资料，明确酸碱度测定数据要求，严格按照标准要求对数据进行评价。 具体要求见表 4-22。

表 4-22　工作步骤、要求及学时安排

序号	工作步骤	要　　求	建议学时	备注
1	编制质量分析报告	分析数据判断测定结果的准确性 依据质控结果，判断测定结果的可靠性 分析测定中存在的问题和操作要点	3 学时	
2	编制检测报告	依据规范，出具检测报告	3 学时	

一、编制质量分析报告

1. 数据分析

氯化物测定数据分析（表4-23）。

表 4-23　数据分析　　　　　　　　　　　　　液温_____℃

氯化物浓度计算公式	氯化物质量浓度$(mg/L) = \dfrac{(V_1 - V_0) \times c \times M \times 10^6}{1000V}$
水样氯化物浓度/(mg/L)	
测定结果的极差	
测定结果相对极差	
极差和相对极差计算公式	极差＝ 相对极差＝

式中　V_1——试样消耗硝酸银标准滴定溶液的体积的数值，mL；

　　　V_0——空白试验消耗硝酸银标准滴定溶液的体积的数值，mL；

　　　V——试样体积的数值，mL；

　　　c——硝酸银标准滴定溶液的准确数值，mol/L；

　　　M——氯的摩尔质量的数值，g/mol。

2. 结果判断

氯离子检测数据判断（表4-24）。

表 4-24　数据判断

一、查阅标准,根据标准要求判断测定结果的准确性
1. 标准中规定:取平行测定结果的算数平均值为测定结果,平行测定结果的绝对差值_____。
2. 实验过程中测定出的绝对差值为:样品1_____　样品2_____　样品3_____
3. 判断:测定结果分析　符合准确性要求:是□ 否□
思考1:若不能满足要求时,请对其原因进行分析。 (提示:个人不能判断时,可进行小组讨论)   思考2:绝对差值满足要求后,但与质控样比较,相对误差不满足,是否能够出具报告了? (提示:个人不能判断时,可进行小组讨论)   4. 结论: 由于样品1测定结果分析_____(符合或不符合)自平行要求,说明_____; 由于样品2测定结果分析_____(符合或不符合)自平行要求,说明_____; 由于样品3测定结果分析_____(符合或不符合)自平行要求,说明_____。

续表

二、依据质控结果，判断测定结果可靠性

1. 测定结果可靠性对比表

内　容	氯化物浓度
质控样测定值	
质控样真实值	
质控样测定结果的绝对极差	

2. 判断：质控样品测定结果分析　符合可靠性要求：是□ 否□

3. 结论：
由于质控样品测定结果_____（符合或不符合）可靠性要求，说明_____。

三、分析测定中存在问题和操作要点

3. 编写质量分析报告（表4-25）

表4-25　质量分析报告

			是否符合出具报告要求	
序号	分析项目	数值	是	否
1	自平性绝对差值			
2	质控相对误差			
3	综合判断，数据是否可用			

氯化物检测质量分析报告

二、编制氯化物测定报告（表4-26）

出具报告要求：

1. 无遗漏项，无涂改，字体填写规范，报告整洁；

2. 检测数据分析结果仅对送检样品负责。

表 4-26

北京市工业技师学院
分析测试中心

检 测 报 告 书

检品名称＿＿＿＿＿＿＿＿＿＿＿＿＿

被检单位＿＿＿＿＿＿＿＿＿＿＿＿＿

报告日期　　年　　月　　日

检 测 报 告 书 首 页

北京市工业技师学院分析测试中心

字（20　　年）第　　号

检品名称_____　检测类别　委托（送样）

被检单位_____　检品编号_____

生产厂家_____　检测目的_____　生产日期_____

检品数量_____　包装情况_____　采样日期_____

采样地点_____　检品性状_____　送检日期_____

检测项目_____

检测依据：

评价标准：

本栏目以下无内容

检测环境条件：_____温度：_____相对湿度：_____气压：_____

主要检测仪器设备：

名称_____编号_____型号_____

名称_____编号_____型号_____

报告编制：　　　　　校　对：　　　　　签　发：　　　　　　　盖　章

　　　　　　　　　　　　　　　　　　　　　　　　　　　　　　年　　月　　日

报告书包括封面、首页、正文（附页）、封底，并盖有计量认证章、检测章和骑缝章。

检 测 报 告 书

项目名称	参考值	测定值	判定

报告书包括封面、首页、正文（附页）、封底，并盖有计量认证章、检测章和骑缝章。

结论及评价：

本栏目以下无内容

三、环节评价（表 4-27）

表 4-27 环节评价

	评分项目		配分	评分细则	自评得分	小组评价	教师评价
素养（40分）	纪律情况（15分）	不迟到,不早退	5分	违反一次不得分			
		积极思考,回答问题	5分	根据上课统计情况得1～5分			
		三有一无(有本、笔、书,无手机)	5分	违反规定每项扣2分			
		执行教师命令	0分	此为否定项,违规酌情扣10～100分,违反校规按校规处理			
	职业道德(8分)	与他人合作	3分	不符合要求不得分			
		发现问题	5分	按照发现问题得1～5分			
	5S（7分）	场地、设备整洁干净	4分	合格得4分;不合格不得分			
		服装整洁,不佩戴饰物	3分	合格得3分;违反一项扣1分			
	职业能力(10分)	质量意识	5分	按检验细心程度得1～5分			
		沟通能力	5分	发现问题良好沟通得1～5分			
核心技术（40分）	编制质量分析报告（20分）	完整正确	5分	全部正确得5分;错一项扣1分			
		时间要求	5分	15min内完成得5分;每超过3min扣1分			
		数据分析	5分	正确完整得5分;错项漏项一项扣1分			
		结果判断	5分	判断正确得5分			
	编制检测报告（20分）	要素完整	15分	按照要求得1～15分,错项漏项一项扣1分			
		时间要求	5分	15min内完成得5分;每超过3min扣1分			
工作页完成情况（20分）	按时完成工作页（20分）	按时提交	5分	按时提交得5分,迟交不得分			
		完成程度	5分	按情况分别得1～5分			
		回答准确率	5分	视情况分别得1～5分			
		书面整洁	5分	视情况分别得1～5分			
总分							
综合得分(自评20%,小组评价30%,教师评价50%)							

教师评价签字：　　　　　　　　　　　　　　组长签字：

请你根据以上打分情况,对本活动当中的工作和学习状态进行总体评述(从素养的自我提升方面、职业能力的提升方面进行评述,分析自己的不足之处,描述对不足之处的改进措施)。

教师指导意见：

学习活动五　总结拓展

建议学时：6学时

学习要求：通过本活动总结本项目的作业规范和核心技术，并通过同类项目练习进行强化。具体要求见表 4-28。

表 4-28　工作步骤、要求及学时安排

序号	工作步骤	要　　求	建议学时	备注
1	撰写水质氯化物测定技术总结报告	能在 60min 内完成总结报告撰写，要求提炼问题有价值，针对问题的改进措施有效	3学时	
2	编制浸出槽氰根浓度测定方案	在 60min 内按照要求完成浸出槽氰根浓度测定的编写，内容符合国家标准要求	3学时	

一、撰写技术总结报告 （表 4-29）

要求：（1）语言精练，无错别字。

（2）编写内容主要包括：学习内容、体会、学习中的优缺点及改进措施。

（3）字数 500 字左右。

表 4-29 技术总结报告

＿＿＿＿＿＿＿＿项目总结
一、回顾检测过程（包括实验原理、仪器、试剂、检测流程等内容）
二、在检测过程中遇到哪些问题？你是如何解决的？
三、你认为本项目的关键技术有哪些？
四、完成本项目，你有哪些个人体会？

二、编制浸出槽氰根浓度测定方案

1. 查阅标准，编制浸出槽氰根浓度测定方案（表 4-30）。

表 4-30　测定方案

方案名称：_____

一、任务目标及依据

（填写说明：概括说明本次任务要达到的目标及相关文件和技术资料）

二、工作内容安排

（填写说明：列出工作流程、工作要求、工量具材料、人员及时间安排等）

序号	工作流程	仪器	试剂	人员安排	时间安排	工作要求

三、验收标准

（填写说明：本项目最终的验收相关项目的标准）

四、有关安全注意事项及防护措施等

（填写说明：对测定的安全注意事项及防护措施，废弃物处理等进行具体说明）

三、环节评价（表4-31）

表 4-31 环节评价

评分项目			配分	评分细则	自评得分	小组评价	教师评价
素养（40分）	纪律情况（15分）	不迟到,不早退	5分	违反一次不得分			
		积极思考,回答问题	5分	根据上课统计情况得1~5分			
		有书、本、笔,无手机	5分	违反规定每项扣2分			
		执行教师命令	0分	此为否定项,违规酌情扣10~100分,违反校规按校规处理			
	职业道德(8分)	与他人合作	3分	不符合要求不得分			
		认真钻研	5分	按认真程度得1~5分			
	5S（7分）	场地、设备整洁干净	4分	合格得4分;不合格不得分			
		服装整洁,不佩戴饰物	3分	合格得3分;违反一项扣1分			
	职业能力（10分）	总结能力	5分	视总结清晰流畅,问题清晰措施到位情况得1~5分			
		沟通能力	5分	总结汇报良好沟通得1~5分			
核心技术（40分）	撰写技术总结（20分）	语言表达	3分	视流畅通顺情况得1~3分			
		问题分析	10分	视准确具体情况得10分,依次递减			
		报告完整	4分	认真填写报告内容,齐全得4分			
		时间要求	3分	在60min内完成总结得3分;超过5min扣1分			
	编写地下水水质酸碱度检测方案（20分）	资料使用	2分	正确查阅维修手册得2分;错误不得分			
		检测项目完整	5分	完整得5分;错项漏项一项扣1分			
		流程	5分	流程正确得5分;错一项扣1分			
		标准	3分	标准查阅正确完整得3分;错项漏项一项扣1分			
		仪器、试剂	3分	完整正确得3分;错项漏项一项扣1分			
		安全注意事项及防护	2分	完整正确,措施有效得2分;错项漏项一项扣1分			
工作页完成情况（20分）	按时完成工作页（20分）	按时提交	5分	按时提交得5分,迟交不得分			
		完成程度	5分	按情况分别得1~5分			
		回答准确率	5分	视情况分别得1~5分			
		书面整洁	5分	视情况分别得1~5分			
总分							
综合得分(自评20%,小组评价30%,教师评价50%)							

教师评价签字：　　　　　　　　　　　　组长签字：

请你根据以上打分情况,对本活动当中的工作和学习状态进行总体评述(从素养的自我提升方面、职业能力的提升方面进行评述,分析自己的不足之处,描述对不足之处的改进措施)。

教师指导意见：

四、项目总体评价 (表 4-32)

表 4-32 项目总体评价

项次	项目内容	权重	综合得分(各活动加权平均分×权重)	备注
1	接受任务	10%		
2	制定方案	25%		
3	实施检测	30%		
4	验收交付	20%		
5	总结拓展	15%		
6	合计			
7	本项目合格与否		教师签字:	

请你根据以上打分情况,对本项目当中的工作和学习状态进行总体评述(从素养的自我提升方面、职业能力的提升方面进行评述,分析自己的不足之处,描述对不足之处的改进措施)。

教师指导意见:

学习任务五

工业废水高锰酸盐指数测定

任务书

 **一、任务情景描述**

受学院的委托，对南院实验楼下排污口实验污水按照 GB/T 11903—1989《水质 高锰酸盐指数的测定》，生活废水中高锰酸盐指数的测定是水中理化指标检测重要项目，要求能独立完成生活废水中高锰酸盐指数的含量测定，并填写检测报告。

 二、学习活动及课时分配表(表5-1)

表 5-1　学习活动及课时分配表

活 动 序 号	学 习 活 动	学 时 安 排	备　　注
1	接受分析任务	4 学时	
2	制定方案	12 学时	
3	检测样品	28 学时	
4	验收交付	6 学时	
5	总结拓展	6 学时	
合　计		56 学时	

学习活动一　接受任务

建议学时：4 学时

学习要求：通过本活动明确本项目的任务和要求，学习《水质理化指标检测》中高锰酸盐指数测定的项目明细。 具体要求见表 5-2。

表 5-2　工作步骤及要求

序号	工作步骤	要　求	时间	备注
1	识读任务单	(1) 5min 内读完任务单 (2) 5min 内找出关键词，清楚工作任务 (3) 5min 内说清楚参照标准 (4) 5min 说清楚完成此工作的要求	0.5 课时	
2	确定检测方法和仪器	(1) 15min 内明确高锰酸盐指数的测定意义和表示方法 (2) 15min 内清楚几种测定方法的适用对象（或范围）	1 课时	
3	编制任务分析报告	完成任务分析报告中的项目名称及意义、样品性状、指标及其含义、检测依据、完成时间等项目的填写，并进行交流	2 课时	
4	环节评价		0.5 课时	

一、识读任务单（表 5-3）

表 5-3　QRD-1101 样品检测委托单

委托单位基本情况					
单位名称	北京市城市排水监测总站责任有限公司				
单位地址	北京市朝阳区来广营甲 3 号				
联系人	孙宝云	固定电话	54913456	手机	1380132112
样品情况					
委托样品	□水样√　　　　□泥样　　　　□气体样品				
参照标准	HZ—HJ—SZ 0128				
样品数量	12 个	采样容器	塑料桶装瓶	样品量	各 2 升
样品状态	□浊　　□较浊　　□较清洁√　　□清洁 □黑色　　□灰色　　□其他颜色				
检测项目					

常规检测项目
□液温　　□pH　　□悬浮物　　□化学需氧量　　□总磷　　□氨氮
□动植物油　□矿物油　□色度　　□生物需氧量　　□溶解性固体　□氯化物
□浊度　　□总氮　　□溶解氧　　□总铬　　□六价铬　　□余氯
□总大肠杆菌　□粪大肠杆菌　□细菌总数　□表面活性剂
金属离子检测项目
□总铜　　□总锌　　□总铅　　□总镉　　□总铁　　□总汞
□总砷　　□总锰　　□总镍
其他检测项目
□钙　　□镁　　□总钠　　□钾　　□硒　　□锑
□硼　　□酸度　　□碱度　　□硬度　　□甲醛　　□苯胺
□硫酸盐　□挥发酚　□氰化物　□总固体　□氟化物　□硝基苯
□硫化物　□硝酸盐氮　□亚硝酸盐氮　□高锰酸盐指数√
□污泥含水率　□灰分　　□挥发分　□污泥浓度

备　注		
样品存放条件	√室温\避光\冷藏(4℃)	样品处置　　　□退回　□处置(自由处置)
样品存放时间	可在室温下保存 7 天	
出报告时间	□正常(十五天之内)　□加急(七天之内)√	

1. 从阅读任务单，填写下列信息

（1）委托检测单位_____

（2）委托人_____

（3）委托样品_____；数量是_____；包装为_____；
单个样品量_____。

（4）还有哪些总结的信息_____

2. 请你寻找核心词用一句话说明工作任务：

_____

3. 查阅资料，确定本检测参照标准是（　）

    A. GB 11892—89　　　　　　　　　B. GB 13200—91

    C. GB/T 6908—2008　　　　　　　　D. GB/T 9737—2008

二、明确检测方法

污水中高锰酸盐指数的测定意义和表示方法

（1）测定的意义＿＿＿＿＿＿＿＿＿＿＿＿＿＿＿＿＿＿＿＿＿＿＿＿＿＿＿＿＿＿＿＿＿

（2）计算公式＿＿＿＿＿＿＿＿＿＿＿＿＿＿＿＿＿＿＿＿＿＿＿＿＿＿＿＿＿＿＿＿＿＿＿

    公式中各项的意义＿＿＿＿＿＿＿＿＿＿＿＿＿＿＿＿＿＿＿＿＿＿＿＿＿＿＿＿＿＿＿

＿＿

三、编制任务分析报告（表5-4）

表5-4　任务分析报告

任务分析报告

一、基本信息

序号	项目	名称	备注
1	委托任务的单位		
2	项目联系人		
3	委托样品		
4	检验参照标准		
5	委托样品信息		
6	检测项目		
7	样品存放条件		
8	样品处置		
9	样品存放时间		
10	出具报告时间		
11	出具报告地点		

二、方法选择

序号	可选用方法	主要仪器

选定的方法为＿＿＿＿＿＿＿＿＿＿＿＿＿＿,原因如下：

四、环节评价（表5-5）

表5-5 环节评价

评分项目			配分	评分细则		自评得分	小组评价	教师评价
素养（40分）	纪律情况（15分）	不迟到,不早退	5分	违反一次不得分				
		积极思考回答问题	5分	不积极思考回答问题	扣1~5分			
		学习用品准备齐全	5分	违反规定每项	扣2分			
		执行教师命令	0分	不听从教师管理酌情 扣10~100分 违反校规校纪处理 扣100分				
	职业道德（10分）	能与他人合作	3分	不能按要求与他人合作 扣3分				
		追求完美	4分	工作不认真 扣2分 工作效率差 扣2分				
	5S（10分）	场地、设备整洁干净	5分	仪器设备摆放不规范 扣3分 实验台面乱 扣2分				
		操作工作中试剂摆放	5分	共用试剂未放回原处 扣3分 实验室环境乱 扣2分				
	综合能力（5分）	阅读理解能力	5分	未能在规定时间内描述任务名称及要求 扣5分 超时或表达不完整 扣3分 其余不得分				
核心技术（40分）	阅读任务（10分）	快速、准确信息提取	6分	不能提取信息酌情 扣1~3分 小组讨论不发言 扣1分 理解不准确 扣3分				
		时间要求	4分	15min内完成得2分;每超过3min扣1分				
		质量要求	10分	作业项目完整正确得5分;错项漏项一项扣1分				
	填写任务分析报告情况(30分)	资料使用	8分	未使用参考资料 扣5分				
		项目完整	8分	缺一项 扣1分				
		用专业词填写	8分	整体用生活语填写 扣2分 错一项 扣0.5分				
工作页完成情况（20分）	按时完成工作页（20分）	按时提交	5分	未按时提交 扣5分				
		内容完成程度	5分	缺项酌情 扣1~5分				
		回答准确率	5分	视情况酌情 扣1~5分				
		字迹书面整洁	5分	视情况酌情 扣1~5分				
得 分								
综合得分(自评20%,小组评价30%,教师评价50%)								
总 分								

本人签字:	组长签字:	教师评价签字:

请你根据以上打分情况,对本活动当中的工作和学习状态进行总体评述(从素养的自我提升方面、职业能力的提升方面进行评述,分析自己的不足之处,描述对不足之处的改进措施)。

教师指导意见:

学习活动二 制定方案

建议学时：12课时

学习要求：通过对生活污水中高锰酸盐指数的检测方法的分析，编制工作流程表、试剂、仪器清单，完成生活污水中高锰酸盐指数的检测方案的编制。 具体要求及学时安排见表5-6。

表5-6 工作步骤及要求

序号	工作步骤	要　　求	学时	备注
1	编制工作流程	在45min内完成，流程完整，确保检测工作顺利有效完成	2学时	
2	编制试剂、仪器设备清单	试剂、仪器设备清单完整，满足生活污水中高锰酸盐指数的检测试验进程和客户需求	2.5学时	
3	编制溶液制备清单	清单完整，满足生活污水中高锰酸盐指数的检测试验进程和客户需求	1学时	
4	编制检测方案	在90min内完成编写，任务描述清晰，检验标准符合客户要求、国标方法要求，工作标准、工作要求、仪器设备等与流程内容一一对应	6学时	
5	环节评价		0.5学时	

一、编制工作流程

思考：

1. 我们之前完成了哪些检测项目，你最熟悉的检测任务是什么？

分析检测项目的主要工作流程一般可分为 5 部分完成，分别是配制溶液、确认仪器状态、验证检测方法、实施分析检测和出具检测报告。认真分析上次学习的项目，小组讨论，对问题提出改进措施，为此次编制工作流程提供参考。

回答：

上次任务名称：_____

完成上次任务不足之处：

_____

_____

_____

_____

改进措施：

_____

_____

_____

_____

2. 请你分析该项目选择的检测方法和作业指导书，写出工作流程，并写出完成的具体工作内容和要求。（表 5-7）

表 5-7　工作流程内容及要求

序号	工作流程	主要工作内容	要求
1			
2			
3			
4			
5			
6			
7			
8			
9			
10			

二、编制试剂、仪器设备清单

1. 为了完成检测任务，需要用到哪些试剂呢？请列表完成。（表 5-8）

表 5-8　试剂及配制方法

序号	试剂名称	规格	配制方法
1			
2			
3			
4			
5			
6			
7			
8			
9			
10			

2. 为了完成检测任务，需要用到哪些仪器设备呢？请列表完成。（表 5-9）

表 5-9　仪器及作用

序号	仪器名称	规格	作用	是否会操作
1				
2				
3				
4				
5				
6				
7				
8				
9				
10				

三、填写溶液制备清单（表5-10）

表 5-10　溶液制备清单

序号	制备溶液名称	制备方法	制备量
1			
2			
3			
4			
5			
6			
7			
8			
9			
10			

四、编制检测方案（表5-11）

表 5-11　检测方案

方案名称：＿＿＿＿＿＿＿＿

一、任务目标及依据
（填写说明：概括说明本次任务要达到的目标及相关标准和技术资料）

二、工作内容安排
（填写说明：列出工作流程、工作要求、仪器设备和试剂、人员及时间安排等）

序号	工作流程	工作要求	仪器设备及试剂	人员	时间安排

三、验收标准
（填写说明：本项目最终的验收相关项目的标准）

四、有关安全注意事项及防护措施等
（填写说明：对保养的安全注意事项及防护措施，废弃物处理等进行具体说明）

五、环节评价（表5-12）

表5-12 环节评价

	评分项目		配分	评分细则	自评得分	小组评价	教师评价
素养（20分）	纪律情况（5分）	不迟到,不早退	2分	违反一次不得分			
		积极思考,回答问题	2分	根据上课统计情况得1～2分			
		三有一无(有本、笔、书,无手机)	1分	违反规定每项扣1分			
		执行教师命令	0分	此为否定项,违规酌情扣10～100分,违反校规按校规处理			
	职业道德（5分）	与他人合作	2分	不符合要求不得分			
		追求完美	3分	对工作精益求精且效果明显得3分;对工作认真得2分;其余不得分			
	5S（5分）	场地、设备整洁干净	3分	合格得3分,不合格不得分			
		服装整洁,不佩戴饰物	2分	合格得2分,违反一项扣1分			
	职业能力（5分）	策划能力	3分	按方案策划逻辑性得1～5分			
		资料使用	2分	正确查阅作业指导书和标准得2分			
		创新能力＊(加分项)	5分	项目分类、顺序有创新,视情况得1～5分			
核心技术（60分）	时间（5分）	时间要求	5分	90min内完成得5分;超时10min扣2分			
	目标依据（5分）	目标清晰	3分	目标明确,可测量得1～3分			
		编写依据	2分	依据资料完整得2分;缺一项扣1分			
	检测流程（15分）	项目完整	7分	完整得7分,漏一项扣1分			
		顺序	8分	全部正确得8分;错一项扣1分			
	工作要求（5分）	要求清晰准确	5分	完整正确得5分;错项漏项一项扣1分			
	仪器设备试剂（10分）	名称完整	5分	完整、型号正确得5分;错项漏项一项扣1分			
		规格正确	5分	数量型号正确得5分;错一项扣1分			
	人员（5分）	组织分配合理	5分	人员安排合理,分工明确得5分;组织不适一项扣1分			
	验收标准（5分）	标准	5分	标准查阅正确、完整得5分;错、漏一项扣1分			
	安全注意事项及防护等（10分）	安全注意事项	5分	归纳正确、完整得5分			
		防护措施	5分	按措施针对性、有效性得1～5分			
工作页完成情况（20分）	按时完成工作页（20分）	按时提交	5分	按时提交得5分,迟交不得分			
		完成程度	5分	按情况分别得1～5分			
		回答准确率	5分	视情况分别得1～5分			
		书面整洁	5分	视情况分别得1～5分			
总分							
综合得分(自评20％,小组评价30％,教师评价50％)							
教师评价签字:				组长签字:			

请你根据以上打分情况,对本活动当中的工作和学习状态进行总体评述(从素养的自我提升方面、职业能力的提升方面进行评述,分析自己的不足之处,描述对不足之处的改进措施)。

教师指导意见:

学习活动三　检测样品

建议学时：28 学时

学习要求：依据 GB 11892—89-水质-高锰酸盐指数的测定方法进行样品含量测定的过程中，先要进行检测前的准备，能正确配制试剂溶液，符合浓度要求；规范使用玻璃仪器和计量器具；进行方法验证，达到实验要求，在样品检测中，规范记录原始数据。 此外，溶液制备样品测定等操作都必须严格按操作规程执行，检测过程遵守操作规程和现场 5S 管理，具体要求及学时安排见表 5-13。

表 5-13　工作步骤、要求及学时安排

序号	工作步骤	要　　求	建议学时	备注
1	配制溶液	学会试剂溶液配制方法 掌握浓度计算及表示 明确 5S 管理	2 学时	
2	准备仪器	掌握玻璃仪器使用要求 规范操作玻璃仪器	1 学时	
3	方法验证	检测流程清晰 正确判断滴定终点 满足方法验证要求	8 学时	
4	样品处理	样品保存符合要求 处理方法判断正确	0.5 学时	
5	检测样品	在 70min 内提出出现的问题及处理方法，并列出合适的实验条件	16 学时	
6	环节评价		0.5 学时	

安全注意事项

请回忆一下，我们之前在实训室工作时，有哪些安全事项是需要我们特别注意的？现在我们要进入一个新的实训场地，请阅读《实验室安全管理办法》，总结该任务需要注意的安全注意事项。

一、配制溶液

阅读学习资料1　工业高锰酸钾的制备

高锰酸钾的制备方法是将硫酸锰或软锰矿与氢氧化钾在融熔的条件下，被空气中的氧氧化成锰酸钾，然后调节溶液呈酸性，以氯气氧化，将锰酸钾氧化成高锰酸钾。

学习上面资料后，请思考下面问题。

1. 高锰酸钾配制

（1）要配制 $c(1/5KMnO_4)=0.1mol/L$ 高锰酸钾溶液1L，需称取_____克高锰酸钾（$M_{KMnO_4}=158.03$），加_____蒸馏水，加热_____，使体积达到_____，放置_____，充分沉淀后，取上清液，置于_____中保存。

（2）从溶液制备方法需要思考的问题

① 溶液制备过程中，为什么要将溶液加热煮沸？

② 沉淀物若用 G-3 玻璃砂芯漏斗过滤，在操作中需要有哪些注意事项？为什么？

③ 溶液为什么要贮存于棕色磨口试剂瓶，而不用密封更好的橡胶塞？

2. 制备100mL（1+3）硫酸需要思考

（1）1+3中各表示什么意义？

（2）制备该溶液时有什么注意事项？

阅读学习资料2　草酸钠的一些化学性质

1. 常压下，草酸钠在125℃开始分解：$Na_2C_2O_4 \xrightarrow{125℃} Na_2CO_3 + CO\uparrow$

2. 草酸钠固体在酸性溶液中也会发生分解：

$$Na_2C_2O_4 + 2HCl === 2NaCl + H_2O + CO_2\uparrow + CO\uparrow$$

3. 按用途和目的的不同，我们可以将化学试剂分为通用型试剂（或常所的化学试剂）和专用型试剂（表5-14）。

表 5-14 化学试剂

通用型试剂				专用型试剂			
化学试剂			指示剂	容量分析用		标准物	
有主含量和杂质的量值范围			无量值范围	有量值范围		有确定量值	
优级（一级）	分析纯（二级）	化学纯（三级）	不分级	一级	二级	一级	二级
绿色标签	红色标签	蓝色标签	红色标签		绿色标签		绿色标签

4. 制备 $100mL$ $c(1/2Na_2C_2O_4)=0.100mol/L$ 草酸钠标准滴定溶液需要思考的问题。

（1）要制备 $100mL$ $c(1/2Na_2C_2O_4)=0.100mol/L$ 草酸钠标准滴定溶液，需要称取在_____温度下干燥，并在干燥器内冷却至室温的草酸钠固体_____g 于 150mL 烧杯中，加 20mL 蒸馏水溶解后，_____100mL 容量瓶中，并用适量蒸馏水清洗烧杯，清洗烧杯不少于三次，并将清洗液一并移入容量瓶中，用水稀释至标线。

（2）在制备草酸钠标准滴定溶液时，应选择哪一类草酸钠进行制备，为什么？

（3）在进行草酸钠称量操作前，为什么要对草酸钠进行处理？处理条件应如何控制？

（4）溶解草酸钠并转移到容量瓶操作中，什么是规范操作？在操作中，应有哪些注意事项？为什么？

5. 本实验中，为什么不制备指示剂？

6. 本实验对溶液贮存有何要求？为什么？

二、填写试剂溶液确认单

按照检测方案，配制溶液，并填写试剂溶液确认单（表 5-15）。

表 5-15 酸度检测试剂溶液清单

序号	试剂名称	浓度	试剂量	配制时间	配制人员	试剂确认

三、样品处理

水样采集后，应加入硫酸使 pH 调至 <2，以抑制微生物活动。样品应尽快分析，必要时，应在 $0\sim5℃$ 冷藏保存，并在 48h 内测定。

四、检测样品

（1）取 100mL 混匀水样（如高锰酸钾指数高于 5mg/L，则酌情少取，并用水稀释至 100mL）于 250mL 锥形瓶中。

（2）加入 5mL（1+3）硫酸，摇匀。

（3）加入 10.00mL　0.01mol/L 高锰酸钾溶液，摇匀，立刻放入沸水浴中加热 30min（从水浴重新沸腾起计时）。沸水浴液面要高于反应溶液的液面。

（4）取下锥形瓶，趁热加入 10.00mL　0.0100mol/L 草酸钠标准溶液，摇匀。立即用 0.01mol/L 高锰酸钾溶液滴定至显微红色，记录高锰酸钾溶液消耗量。

（5）高锰酸钾溶液浓度的标定：将上述已滴定完毕的溶液加热至约 70℃，准确加入 10.00mL 草酸钠标准溶液（0.0100mol/L），再用 0.01mol/L 高锰酸钾溶液滴定至显微红色。记录高锰酸钾溶液消耗量，按下式求得高锰酸钾溶液的校正系数（K）：

$$K = \frac{10 \cdot 00}{V}$$

式中　V——高锰酸钾溶液消耗量，mL。

若水样经稀释时，应同时另取 100mL 水，同水样操作步骤进行空白试验。

五、填写原始记录表（表 5-16）

表 5-16　高锰酸盐指数分析原始记录

编号：

样品来源				
分析日期		年　　　月　　　日		
分析方法		方法来源		
检测下限	0.5mg/L	全程序空白		
标准溶液 被标定溶液	标准溶液 取样量/mL		被标定 溶液名称	
	被标溶液 消耗量/mL		标准溶液名称	
	被标溶液 浓度/(mol/L)		标准溶液浓度 /(mol/L)	
	平均值	mol/L		
计算公式				
样品预处理 及质控样品 分析说明				

质量 控制	样品总数 （　　）个	自　控		外　控	
		平行样	标准样	密码平行	密码标准样
	个(对)数				
	合格率/%				
	质量监督员				

六、教师考核表（表5-17）

表5-17　教师考核表

生活污水中高锰酸盐指数测定工作流程评价表						
第一阶段　配制溶液（20分）						
序号	考核内容	考核标准	正确	错误	分值	得分
1	称量操作	检查电子天平水平			10分	
2		会校正电子天平				
3		带好称量手套				
4		称量纸放入电子天平操作正确				
5		会去皮操作				
6		称量操作规范				
7		多余试样不放回试样瓶中				
8		称量操作有条理性				
9		称量过程中及时记录实验数据				
10		称完后及时将样品放回原处				
11		将多余试样统一放好				
12		及时填写称量记录本				
13	溶液配制	溶解操作规范			10分	
14		吸取上清液				
15		装瓶规范，标签规范				
16		移液管使用规范				
17		容量瓶选择、使用规范				
18		酸溶液转移规范				
第二阶段　准备仪器（5分）						
19	准备仪器	仪器规格选择正确			5分	
20		仪器洗涤符合规范				
21		仪器摆放符合实验室要求				
第三阶段　样品处理（5分）						
22	样品处理	样品保存符合要求			5分	
23		样品干扰消除方法正确				
第四阶段　方法验证　实施检测（30分）						
24	滴定操作	指示剂选择正确、操作规范			30分	
25		滴定管位置放置合理				
26		滴定姿势规范				
27		滴定速度合理				
28		摇瓶速度合理				
29		半滴操作规范				
30		终点观测正确				
31		体积读数规范				
32		滴定管自然垂直				
33		补加溶液规范				
34		管尖残液处理规范				
35		检测现场符合"5S"要求				

续表

<table>
<tr><td colspan="6" align="center">生活污水中高锰酸盐指数测定工作流程评价表</td></tr>
<tr><td colspan="6" align="center">第五阶段　实验数据记录(20分)</td></tr>
<tr><td>36</td><td rowspan="3">数据记录</td><td>数据记录真实准确完整</td><td></td><td></td><td rowspan="3">20分</td></tr>
<tr><td>37</td><td>数据修正符合要求</td><td></td><td></td></tr>
<tr><td>38</td><td>数据记录表整洁</td><td></td><td></td></tr>
<tr><td colspan="4" align="center">生活污水中高锰酸盐指数测定</td><td colspan="2">80分</td></tr>
<tr><td colspan="2" align="center">综合评价项目</td><td colspan="2" align="center">详细说明</td><td>分值</td><td>得分</td></tr>
<tr><td>1</td><td>基本操作规范性</td><td colspan="2">动作规范准确得3分
动作比较规范,有个别失误得2分
动作较生硬,有较多失误得1分</td><td>3分</td><td></td></tr>
<tr><td>2</td><td>熟练程度</td><td colspan="2">操作非常熟练得5分
操作较熟练得3分
操作生疏得1分</td><td>5分</td><td></td></tr>
<tr><td>3</td><td>分析检测用时</td><td colspan="2">按要求时间内完成得3分
未按要求时间内完成得2分</td><td>3分</td><td></td></tr>
<tr><td>4</td><td>实验室5S</td><td colspan="2">试验台符合5S得2分
试验台不符合5S得1分</td><td>2分</td><td></td></tr>
<tr><td>5</td><td>礼貌</td><td colspan="2">对待考官礼貌得2分
欠缺礼貌得1分</td><td>2分</td><td></td></tr>
<tr><td>6</td><td>工作过程安全性</td><td colspan="2">非常注意安全得5分
有事故隐患得1分
发生事故得0分</td><td>5分</td><td></td></tr>
<tr><td colspan="4" align="center">综合评价项目分值小计</td><td colspan="2">20分</td></tr>
<tr><td colspan="4" align="center">总成绩分值合计</td><td colspan="2">100分</td></tr>
</table>

七、环节评价（表5-18）

表5-18　环节评价

<table>
<tr><td colspan="3">评分项目</td><td>配分</td><td>评分细则</td><td>自评得分</td><td>小组评价</td><td>教师评价</td></tr>
<tr><td rowspan="9">素养
(40分)</td><td rowspan="4">纪律情况
(15分)</td><td>不迟到,不早退</td><td>5分</td><td>违反一次不得分</td><td></td><td></td><td></td></tr>
<tr><td>积极思考,回答问题</td><td>5分</td><td>根据上课统计情况得1~5分</td><td></td><td></td><td></td></tr>
<tr><td>三有一无(有本、笔、书,无手机)</td><td>5分</td><td>违反规定每项扣2分</td><td></td><td></td><td></td></tr>
<tr><td>执行教师命令</td><td>0分</td><td>此为否定项,违规酌情扣10~100分,违反校规按校规处理</td><td></td><td></td><td></td></tr>
<tr><td rowspan="2">职业道德
(5分)</td><td>与他人合作</td><td>2分</td><td>不符合要求不得分</td><td></td><td></td><td></td></tr>
<tr><td>追求完美</td><td>3分</td><td>对工作精益求精且效果明显得3分,对工作认真得2分,其余不得分</td><td></td><td></td><td></td></tr>
<tr><td rowspan="2">5S
(7分)</td><td>场地、设备整洁干净</td><td>4分</td><td>合格得4分;不合格不得分</td><td></td><td></td><td></td></tr>
<tr><td>服装整洁,不佩戴饰物</td><td>3分</td><td>合格得3分;违反一项扣1分</td><td></td><td></td><td></td></tr>
<tr><td rowspan="3">职业能力
(13分)</td><td>策划能力</td><td>5分</td><td>按方案策划逻辑性得1~5分</td><td></td><td></td><td></td></tr>
<tr><td>资料使用</td><td>3分</td><td>正确标准等资料得3分,错误不得分</td><td></td><td></td><td></td></tr>
<tr><td>创新能力</td><td>5分</td><td>项目分类、顺序有创新,视情况得1~5分</td><td></td><td></td><td></td></tr>
</table>

水质理化指标检测工作页

续表

评分项目			配分	评分细则	自评得分	小组评价	教师评价
检测实施方案（40分）	时间（3分）	时间要求	3分	按时完成得3分；超时10min扣1分			
	目标依据（5分）	目标清晰	3分	目标明确，可测量得1~3分			
		编写依据	2分	依据资料完整得2分；缺一项扣1分			
	检测流程（15分）	项目完整	7分	完整得7分；漏一项扣1分			
		顺序	8分	全部正确得8分；错一项扣1分			
	工具材料清单（5分）	试剂	2分	完整、型号正确得2分；错项漏项一项扣1分			
		仪器	2分	数量型号正确得2分；错一项扣1分			
		溶液配制	1分	完整、准确得1分			
	验收标准（5分）	标准	5分	标准查阅正确、完整得5分；错、漏一项扣1分			
	安全注意事项及防护等（7分）	安全注意事项	3分	归纳正确、完整得3分			
		防护措施	4分	按措施针对性、有效性得1~4分			
工作页完成情况（20分）	按时完成工作页（20分）	按时提交	5分	按时提交得5分，迟交不得分			
		完成程度	5分	按情况分别得1~5分			
		回答准确率	5分	视情况分别得1~5分			
		书面整洁	5分	视情况分别得1~5分			
总分							
综合得分（自评20%，小组评价30%，教师评价50%）							

教师评价签字：　　　　　　　　　　　　　组长签字：

请你根据以上打分情况，对本活动当中的工作和学习状态进行总体评述（从素养的自我提升方面、职业能力的提升方面进行评述，分析自己的不足之处，描述对不足之处的改进措施）。

教师指导意见：

学习活动四　验收交付

建议学时：6 学时

学习要求：能够对检测原始数据进行数据处理并规范完整地填写报告书，并对超差数据原因进行分析，具体要求见表 5-19。

表 5-19　工作步骤、要求及学时安排

序号	工作步骤	要　　求	学时	备注
1	编制质量分析报告	运用公式计算检测结果准确 有效数字的取舍应符合实验要求 依据相对偏差判断测定结果的可靠性 分析测定中存在的问题和操作要点	3 学时	
2	编制《生活污水水中高锰酸盐指数含量检测报告》	依据检测结果，编制检测报告单，要求用仿宋体填写，规范、字迹清晰、整洁	2.5 学时	
3	环节评价		0.5 学时	

一、编制质量分析报告

1. 数据分析（表 5-20）

表 5-20　数据分析

序　　号	1	2	3
水样体积/mL			
$KMnO_4$ 标准溶液浓度/(mol/L)			
$Na_2C_2O_4$ 标准溶液浓度/(mol/L)			
滴定消耗 $KMnO_4$ 的量/mL			
加入 $KMnO_4$ 的量/mL			
加入 $Na_2C_2O_4$ 的量/mL			
高锰酸盐指数(O_2)/(mg/L)			
平均值/(mg/L)			
极差/(mg/L)			
相对极差/%			

计算公式

$$K = 10.00/V$$

（1）水样不经稀释

$$高锰酸盐指数 = \frac{\left[(10+V_1) \times \frac{10}{V_2} - 10\right] \times c \times 8 \times 1000}{100}$$

式中　V_1——滴定水样时，高锰酸钾溶液的消耗量，mL；

　　　K——校正系数；

　　　c——草酸钠溶液浓度，mol/L；

　　　8——氧的摩尔质量，g/mol。

（2）水样经稀释

$$I_{Mn} = \frac{\left\{\left[(10+V_1)\frac{10}{V_2} - 10\right] - \left[(10+V_0)\frac{10}{V_2} - 10\right] \times f\right\} \times C \times 8 \times 1000}{V_3}$$

式中　V_0——空白试验中高锰酸钾溶液消耗量，mL；

　　　V_2——分取水样，mL；

　　　C——稀释的水样中含水的比值，例如，10.00mL 水样加 90mL，水稀释至 100mL，则 $C=0.90$。

$$相对极差 = 极差/平均值 \times 100\%$$

2. 结果判断

高锰酸盐指数检测数据判断（表 5-21）。

表 5-21　数据判断

一、查阅标准,根据标准要求判断测定结果的准确性

1. 标准中规定:当测定结果自平行≤0.3%,满足准确性要求
　　　　　　　当测定结果自平行>0.3%,不满足准确性要求
2. 实验过程中测定出的相对极差为:样品 1 _____　样品 2 _____　样品 3 _____
3. 判断:测定结果分析　符合准确性要求:是□否□
思考 1:若不能满足自平行要求时,请对其原因进行分析。
(提示:个人不能判断时,可进行小组讨论)

思考 2:相对极差满足自平行要求后,但与质控样比较,相对误差不满足,是否能够出具报告了?
(提示:个人不能判断时,可进行小组讨论)
4. 结论
由于样品 1 测定结果分析_____(符合或不符合)自平行要求,说明_____;
由于样品 2 测定结果分析_____(符合或不符合)自平行要求,说明_____;
由于样品 3 测定结果分析_____(符合或不符合)自平行要求,说明_____。

二、依据标准值,判断测定结果可靠性

1. 测定结果可靠性对比表

内容	高锰酸盐指数测定值
质控样测定值	
质控样真实值	
质控样测定结果的绝对极差	

2. 判断:质控样品测定结果分析符合可靠性要求:是□否□
3. 结论:
由于质控样品测定结果_____(符合或不符合)可靠性要求,说明_____。

三、分析测定中存在的问题和操作要点

二、编制生活污水中高锰酸盐指数含量检测报告（表 5-22）

编制报告要求:

1. 无遗漏项，无涂改，字体填写规范，报告整洁;

2. 检测数据分析结果仅对送检样品负责。

表 5-22

北京市工业技师学院
分析测试中心

检 测 报 告 书

检品名称＿＿＿＿＿＿＿＿＿＿＿＿

被检单位＿＿＿＿＿＿＿＿＿＿＿＿

报告日期　年　月　日

检测报告书首页

北京市工业技师学院分析测试中心

字（20　年）第　　号

检品名称＿＿＿＿＿＿＿＿＿＿＿＿＿＿＿＿＿＿　检测类别　委托（送样）＿＿＿＿

被检单位＿＿＿＿＿＿＿＿＿＿＿＿＿＿　检品编号＿＿＿＿＿＿＿＿＿＿＿＿＿＿

生产厂家＿＿＿＿＿＿＿＿＿＿＿＿＿＿　检测目的＿＿＿＿＿　生产日期＿＿＿＿＿

检品数量＿＿＿＿＿＿＿＿＿＿＿＿＿＿　包装情况＿＿＿＿＿　采样日期＿＿＿＿＿

采样地点＿＿＿＿＿＿＿＿＿＿＿＿＿＿　检品性状＿＿＿＿＿　送检日期＿＿＿＿＿

检测项目＿＿＿＿＿＿＿＿＿＿＿＿＿＿＿＿＿＿＿＿＿＿＿＿＿＿＿＿＿＿＿＿＿

检测及评价依据：

本栏目以下无内容

结论及评价：

本栏目以下无内容

检测环境条件：＿＿＿＿＿＿　温度：＿＿＿＿＿＿＿＿＿　相对湿度：＿＿＿＿＿　气压：＿＿＿＿＿＿＿＿＿

主要检测仪器设备：

名称＿＿＿＿＿＿＿＿　编号＿＿＿＿＿＿＿＿　型号＿＿＿＿＿＿＿

名称＿＿＿＿＿＿＿＿　编号＿＿＿＿＿＿＿＿　型号＿＿＿＿＿＿＿

报告编制：　　　　校　对：　　　　　签　发：　　　　　盖　章

年　　月　　日

报告书包括封面、首页、正文（附页）、封底，并盖有计量认证章、检测章和骑缝章。

检 测 报 告 书

项目名称	参考值	测定值	判定

报告书包括封面、首页、正文（附页）、封底，并盖有计量认证章、检测章和骑缝章。

三、环节评价（表5-23）

表5-23　环节评价

评分项目			配分	评分细则	自评得分	小组评价	教师评价
素养 (40分)	纪律情况 (15分)	不迟到,不早退	5分	违反一次不得分			
		积极思考,回答问题	5分	根据上课统计情况得1～5分			
		三有一无(有本、笔、书,无手机)	5分	违反规定每项扣2分			
		执行教师命令	0分	此为否定项,违规酌情扣10～100分,违反校规按校规处理			
	职业道德(8分)	与他人合作	3分	不符合要求不得分			
		发现问题	5分	按照发现问题得1～5分			
	5S (7分)	场地、设备整洁干净	4分	合格得4分;不合格不得分			
		服装整洁,不佩戴饰物	3分	合格得3分;违反一项扣1分			
	职业能力(10分)	质量意识	5分	按检验细心程度得1～5分			
		沟通能力	5分	发现问题良好沟通得1～5分			
核心技术 (40分)	编制质量分析报告 (20分)	完整正确	5分	全部正确得5分;错一项扣1分			
		时间要求	5分	15min内完成5分;每超过3min扣1分			
		数据分析	5分	正确完整得5分;错项漏项一项扣1分			
		结果判断	5分	判断正确得5分			
	编制检测报告 (20分)	要素完整	15分	按照要求得1～15分,错项漏项一项扣1分			
		时间要求	5分	15min内完成5分;每超过3min扣1分			
工作页完成情况 (20分)	按时完成工作页 (20分)	按时提交	5分	按时提交得5分,迟交不得分			
		完成程度	5分	按情况分别得1～5分			
		回答准确率	5分	视情况分别得1～5分			
		书面整洁	5分	视情况分别得1～5分			
总分							
综合得分(自评20%,小组评价30%,教师评价50%)							

教师评价签字：　　　　　　　　　　　　　　　组长签字：

　　请你根据以上打分情况,对本活动当中的工作和学习状态进行总体评述(从素养的自我提升方面、职业能力的提升方面进行评述,分析自己的不足之处,描述对不足之处的改进措施)。

教师指导意见：

学习活动五　总结拓展

建议学时：6 学时

学习要求：通过本活动总结本项目的作业规范和核心技术，并通过同类项目练习进行强化，具体要求见表 5-24。

表 5-24　工作步骤、要求及学时安排

序号	工作步骤	要　　求	建议学时	备注
1	撰写水质高锰酸盐指数检测技术总结报告	能在 60min 内完成总结报告撰写，要求提炼问题有价值，针对问题的改进措施有效	3 学时	
2	编制水质 COD (Cr) 的检测方案	在 60min 内按照要求完成编制水质 COD (Cr) 的检测方案的编写，内容符合国家标准要求	3 学时	

一、撰写技术总结报告（表5-25）

要求：（1）语言精练，无错别字。

（2）编写内容主要包括：学习内容、体会、学习中的优缺点及改进措施。

（3）字数500字左右。

表5-25　技术总结报告

_____项目总结

一、回顾检测过程（包括实验原理、仪器、试剂、检测流程等内容）

二、在检测过程中遇到哪些问题？你是如何解决的？

三、你认为本项目的关键技术有哪些？

四、完成本项目，你有哪些个人体会？

二、编制水质 COD（Cr） 的检测方案

查阅标准，编制水质 COD（Cr）的检测方案（表 5-26）。

表 5-26　检测方案

方案名称：＿＿＿＿＿＿＿＿＿

一、任务目标及依据
（填写说明：概括说明本次任务要达到的目标及相关文件和技术资料）

二、工作内容安排
（填写说明：列出工作流程、工作要求、工量具材料、人员及时间安排等）

序号	工作流程	仪器	试剂	人员安排	时间安排	工作要求

三、验收标准
（填写说明：本项目最终的验收相关项目的标准）

四、有关安全注意事项及防护措施等
（填写说明：对测定的安全注意事项及防护措施，废弃物处理等进行具体说明）

三、环节评价（表 5-27）

表 5-27　环节评价

评分项目			配分	评分细则	自评得分	小组评价	教师评价
素养（40分）	纪律情况（15分）	不迟到,不早退	5分	违反一次不得分			
		积极思考,回答问题	5分	根据上课统计情况得1~5分			
		有书、本、笔,无手机	5分	违反规定每项扣2分			
		执行教师命令	0分	此为否定项,违规酌情扣10~100分,违反校规按校规处理			
	职业道德(8分)	与他人合作	3分	不符合要求不得分			
		认真钻研	5分	按认真程度得1~5分			
	5S（7分）	场地、设备整洁干净	4分	合格得4分;不合格不得分			
		服装整洁,不佩戴饰物	3分	合格得3分;违反一项扣1分			
	职业能力（10分）	总结能力	5分	视总结清晰流畅,问题清晰措施到位情况得1~5分			
		沟通能力	5分	总结汇报良好沟通得1~5分			
核心技术（40分）	撰写技术总结（20分）	语言表达	3分	视流畅通顺情况得1~3分			
		问题分析	10分	视准确具体情况得10分,依次递减			
		报告完整	4分	认真填写报告内容,齐全得4分			
		时间要求	3分	在60min内完成总结得3分;超过5min扣1分			
	编制水质COD(Cr)的检测方案（20分）	资料使用	2分	正确查阅维修手册得2分;错误不得分			
		检测项目完整	5分	完整得5分;错项漏项一项扣1分			
		流程	5分	流程正确得5分;错一项扣1分			
		标准	3分	标准查阅正确完整得3分;错项漏项一项扣1分			
		仪器、试剂	3分	完整正确得3分;错项漏项一项扣1分			
		安全注意事项及防护	2分	完整正确,措施有效得2分;错项漏项一项扣1分			
工作页完成情况（20分）	按时完成工作页（20分）	按时提交	5分	按时提交得5分,迟交不得分			
		完成程度	5分	按情况分别得1~5分			
		回答准确率	5分	视情况分别得1~5分			
		书面整洁	5分	视情况分别得1~5分			
总分							
综合得分(自评20%,小组评价30%,教师评价50%)							

教师评价签字：　　　　　　　　　　　　　　组长签字：

请你根据以上打分情况,对本活动当中的工作和学习状态进行总体评述(从素养的自我提升方面、职业能力的提升方面进行评述,分析自己的不足之处,描述对不足之处的改进措施)。

教师指导意见：

四、项目总体评价（表 5-28）

表 5-28　项目总体评价

项次	项目内容	权重	综合得分(各活动加权平均分×权重)	备注
1	接受任务	10%		
2	制定方案	25%		
3	实施检测	30%		
4	验收交付	20%		
5	总结拓展	15%		
6	合计			
7	本项目合格与否		教师签字：	

　　请你根据以上打分情况，对本项目当中的工作和学习状态进行总体评述（从素养的自我提升方面、职业能力的提升方面进行评述，分析自己的不足之处，描述对不足之处的改进措施）。

教师指导意见：